Christine Mann, Tochter von Werner Heisenberg, und Frido Mann, Enkel von Thomas Mann, zeigen in ihrem gemeinsamen Buch: Der Umbruch in den Naturwissenschaften durch die Quantentheorie hat gravierende – und gute – Folgen für unser Denken und Handeln. Der Gegensatz von Idealismus und Materialismus wird überwunden, eine ganzheitliche Sicht der Welt und des Menschen wird möglich. Eine verständliche Erklärung der bahnbrechenden Einsichten der Quantentheorie und ein eindringlicher sowie persönlicher Aufruf zu einem neuen Menschenbild in der Naturwissenschaft.

*Frido Mann*, geboren 1940 in Monterey/Kalifornien, arbeitete nach dem Studium der Musik, der Katholischen Theologie und der Psychologie viele Jahre als klinischer Psychologe in Münster, Leipzig und Prag. Er lebt heute als freier Schriftsteller in München. Zuletzt sind von ihm erschienen ›An die Musik. Ein autobiographischer Essay‹ und, zusammen mit Christine Mann, ›Es werde Licht. Die Einheit von Geist und Materie in der Quantenphysik‹.

Als zweitjüngste Tochter des Physikers Werner Heisenberg befasste sich *Christine Mann* schon früh mit dem Verhältnis von Physik und Theologie. Nach einigen Semestern Theologiestudium in Tübingen und Heidelberg wechselte sie zum Studium der Pädagogik und Psychologie und leitete schließlich eine Schulpsychologische Praxis.

*Weitere Informationen finden Sie auf www.fischerverlage.de*

Frido Mann
Christine Mann

# Es werde Licht

Die Einheit von Geist und Materie
in der Quantenphysik

FISCHER Taschenbuch

Erschienen bei FISCHER Taschenbuch
Frankfurt am Main, Dezember 2018

Satz: Fotosatz Amann, Memmingen
Druck und Bindung: GGP Media GmbH, Pößneck
Printed in Germany
ISBN 978-3-596-29745-0

*Alle Religionen, Künste und Wissenschaften
sind Zweige desselben Baumes*

Albert Einstein

# Inhalt

# I. Zur heutigen Situation

## Eingangsszenarium: Forschung im Zwielicht

Aus einem kürzlich gehaltenen Interview mit dem emeritierten Biologen Professor P. über dessen langes und bewegtes akademisches Leben. Wir erhoffen uns von ihm eine Stellungnahme zu der heute weitverbreiteten Sorge um die Situation naturwissenschaftlicher Forschung, welcher vielfach eine babylonische Fachsprachenverwirrung, Konkurrenzdenken und individualistische Vereinzelung nachgesagt wird.

Professor P. berichtet uns als Erstes vom prägenden Anfang seiner Laufbahn Ende der sechziger Jahre des vergangenen Jahrhunderts, als der noch junge Doktorand als Mitglied eines aus anderen Doktoranden, Diplomanden, Praktikanten, Post-Docs und einigen Gastwissenschaftlern bestehenden molekularbiologischen Arbeitskreises im biochemischen Institut einer renommierten deutschen Universität forschte. Außer den Assistenzkräften und dem Projektleiter, der zugleich auch als Doktorvater fungierte, hatten alle befristete Arbeitsverträge. In diesem Arbeitskreis wurden, ähnlich wie in vielen anderen in- und ausländischen Forschungseinrichtungen, die Stoffwechselprozesse sowohl in Bakterienzellen als auch in den Viren untersucht, die in die Bakterien eingedrungen waren. Das Ziel war es, auf biochemischem Weg den zellulären Bedingungen für die Entstehung des Lebens nachzugehen. Man hoffte damit auch einen Beitrag zum damals ganz neuen Forschungsgebiet der Gentechnologie zu leisten. Deshalb herrschte in der damaligen Phase der biochemischen Forschung eine besondere Aufbruchstimmung, die von allen Beteiligten als überaus motivierend und spannend erlebt wurde. Entsprechend stark ausgeprägt war gerade unter den Mitgliedern dieses Arbeitskreises das Bedürfnis nach gegenseitigem Austausch über die von ihnen laufend neu erzielten Ergebnisse in ihren Untersuchungen des Bakterien-/Bakteriophagensystems.

Das Großlabor der etwa zwanzig Mann umfassenden Arbeitsgruppe war in dem in der Innenstadt gelegenen alten biochemischen Institut unter räumlich engen und technisch mangelhaften Bedingungen im Souterrain des Gebäudes untergebracht. Die Mitglieder des Arbeitskreises konnten sich während ihrer Arbeit unkompliziert und rasch über ihre Ergebnisse und über damit verbundene Probleme miteinander verständigen und sich gegebenenfalls auch gegenseitig helfen. Die vielen spontan zustande kommenden, anregenden Gespräche wurden so als angenehmer, in gewisser Weise auch entschädigender Ausgleich für die etwas unbequemen Verhältnisse empfunden, und sie gaben dem Einzelnen in der Gruppe ein gewisses Gefühl von Geborgenheit und Sicherheit, die dazu angetan war, die allgemeine Arbeitsmotivation zu stärken.

Ganz anders dann nach dem Umzug 1970 in das inzwischen fertiggestellte, neue Forschungsinstitut ziemlich weit außerhalb der Stadt. Es war ein imposanter, hochmoderner Beton- und Glasbau, labyrinthartig verschachtelt, von hohen Säulen getragen und mit mehreren seitlichen Treppenhäusern, Geheimgängen und überkuppelten Lichthöfen versehen. Das Institut war, inmitten einer idyllischen, kaum besiedelten Landschaft von einer künstlichen Parkanlage mit Springbrunnen umgeben. Der Forschungstrakt für die betreffende Arbeitsgruppe lag vom Haupteingang weit entfernt am anderen Ende des Gebäudes irgendwo in der zweitobersten Etage. Zur Überraschung der Arbeitsgruppe zeigte sich beim Einzug in das Institut, dass anstelle des bisherigen einen großen Gemeinschaftslabors jeder Forscher nun über ein eigenes geräumiges und wegen der großen Fenster sehr helles Labor verfügte, welches, hochmodern, mit einem Abzug eingerichtet war. Jedem Forscher wurde auch eine eigene Technische Assistentin zugewiesen, die sämtliche Routinearbeiten zu übernehmen hatte wie Puffer und Bakterienkulturen ansetzen und diese mit Viren animpfen usw. Die im Erdgeschoss unter einem der hohen, verglasten Lichthöfe elegant angelegte und vor Sauberkeit blitzende Kantine mit erstklassiger Verpflegung war so groß und verwinkelt angelegt, dass man sich allein dort schon fast verlaufen konnte.

Anfangs noch vom Glanz des neuen Instituts geblendet, freuten sich die Mitglieder des Arbeitskreises bei ihrem Einzug in die neuen Räume über die ihnen dort gebotenen, traumhaften Arbeitsbedingungen. Doch es dauerte nicht lange, da beschlich sie das ungute Gefühl, alle zusammen in einen Goldenen Käfig eingesperrt worden zu sein. Nach relativ kurzer Zeit begannen sie sich, besonders gegen Ende eines anstrengenden Arbeitstages, auf ihrer Forschungsinsel einsam und ziemlich isoliert zu fühlen. Um, wie im alten Institut, mit ihren Kollegen sprechen zu können, mussten sie diese oft am anderen Ende des langen Flurs auf deren Insel besuchen. Dieser Aufwand und diese Hürden führten allmählich dazu, dass das Kontaktbedürfnis der voneinander praktisch Abgeschnittenen nachließ, weil jeder sich an das Alleinsein und sein Dasein als Einzelkämpfer zu gewöhnen begann. Verstärkt wurde dies auch dadurch, dass, anders als früher, der das Projekt leitende Professor jetzt auffallend häufig bei seinen einzelnen Mitarbeitern aufkreuzte und sie mit gespitzten Ohren nach dem Stand ihrer Untersuchung ausfragte und deren Ergebnisse im Hinblick auf eine Veröffentlichung in einer Fachzeitschrift penibel überprüfte. Der Professor gebrauchte dafür gern die unsympathische Formulierung »die Ergebnisse nachkochen«. Die frühere rege Interaktion unter den Mitgliedern der Arbeitsgruppe auf Augenhöhe wurde damit weitgehend von der Dyade zwischen Professor und dessen von ihm fachlich abhängigen Mitarbeitern abgelöst. Auf diese Weise verwandelte sich der ursprüngliche Forschungseifer der jungen Wissenschaftler, der in erster Linie der Sache galt, fast unmerklich in ein egoistisches Konkurrenzstreben, verbunden mit entsprechenden Abschottungstendenzen. Dies hatte zur Folge, dass auch die gegenseitigen Besuche von Insel zu Insel langsam immer seltener wurden und schließlich ganz einschliefen. Bei den in ihrer Arbeitsklause vor sich hin forschenden Mitarbeitern machte sich zunehmend ein von Leistungsdruck erfülltes Wettkampfdenken bemerkbar. Die Priorität in der Forschung lag immer weniger im neugierigen und ehrfurchtsvollen Erkunden naturwissenschaftlicher Wahrheit, sondern darin, möglichst rasch neue veröffentlichungswürdige Forschungsergebnisse zu liefern, die die größte Chance hatten, von irgendwelchen Stiftungen oder Sponsoren finanziell gefördert und womöglich mit einem Forschungspreis gekrönt zu werden.

Dies wiederum führte dazu, dass nicht nur die Motivation, sich mit den Arbeitskollegen über neueste Forschungsergebnisse auszutauschen, deutlich sank. Vielmehr machte sich eine zumindest stillschweigende Übereinkunft breit, Wissen sowohl intern als auch erst recht extern bewusst zurückzuhalten, um, mit allen daraus fließenden finanziellen und karrieristischen Vorteilen, möglichst der »Erste« zu sein.

»Der Arbeitsdruck war so groß«, so klagte Professor P. uns gegenüber, »dass ich und die, mit denen ich darüber sprach, oft so erschöpft waren, dass wir alles stehen und liegen ließen, nur um für einige Minuten tief Luft zu holen und sehnsüchtig durchs Fenster ins Grüne zu blicken, obwohl in der idyllischen Einöde um uns herum kaum etwas zu sehen war, außer gelegentlich vorbeifahrende Autos und noch seltener vorbeilaufende Menschen. Und da jeder fast nur für sich allein an seinem Arbeitsplatz klebte und wie besessen, oft bis tief in die Nacht hinein forschte, begegnete man auch in den Gängen oder im Treppenhaus kaum einer Seele. Sogar die Kantine war, außer in der Mittagszeit, meistens gespenstisch leer und wirkte, wenn nicht manchmal der eine oder andere Mitarbeiter kurz mit einer Tasse Kaffee und einem Stück Kuchen Stärkung suchte, in ihrem sterilen Glanz wie tot.«

»Das war schon 1970 so«, meinte Professor P. nach einer kurzen Pause mit vielsagendem Kopfnicken.

»Sie meinen, dass damals im Vergleich zu heute noch eher milde Zustände herrschten?«, wollten wir wissen.

»Man wird da sicherlich differenzieren müssen. Aber nach meinen Erfahrungen kommt heute noch prinzipiell dazu, dass an den Universitäten in großen Mengen auch Drittmittel eingeworben werden müssen und die Forscher noch mehr als früher auf Fördergelder angewiesen sind. Das nachgerade alte amerikanische Prinzip *Publish or Perish* ist schon lange über den großen Teich zu uns hinübergeschwappt. In den USA ist die technische Ausstattung der Forschungsinstitute zwar noch luxuriöser und da fließen auch noch ganz andere Sponsorengelder als bei uns hier. Aber umso mehr zeigt sich dort, dass die Verbindung aus Komfort und Isolation der Kreativität in der Forschung schadet, sie vielleicht sogar lähmt.«

Abschließend berichtete Professor P. noch vom Ende seiner Doktorandenzeit in dem besagten Forschungsinstitut.

Irgendwann stand eine Veröffentlichung seiner Untersuchung an. Das Problem war nur, dass seine Ergebnisse denen seines Projektleiters und Doktorvaters regelrecht widersprachen. Trotzdem schickte er seine fertiggestellte Arbeit an eine besonders renommierte Zeitschrift (er nannte sie »das Mekka unter unseren Fachzeitschriften«). Bald bekam er diese jedoch wieder zurückgeschickt mit der Bitte um eine Revision der Untersuchung mit einer neuen Versuchsreihe. Er tat dies, gelangte jedoch wieder genau zu demselben, die Untersuchung seines Doktorvaters widerlegenden Resultat. Seine Arbeit mit neuen Stichproben schickte er wieder an dieselbe Zeitschriftenredaktion und bekam sie wieder mit der Bitte um eine Wiederholung des Experiments mit noch weiteren Messreihen zurück. Dieses Hin und Her setzte sich so oft fort, bis eines Tages sein Projektleiter und Doktorvater aufgeregt bei ihm auftauchte und ihm mitteilte, er habe soeben über geheime Kanäle erfahren, dass in einem führenden molekularbiologischen Forschungsinstitut in den USA Ergebnisse erzielt worden wären, die genau mit den seinigen, also mit denen des Doktoranden (unseres späteren Professors P.) übereinstimmten. Und er forderte seinen Doktoranden auf, jetzt so bald wie möglich mit einer Veröffentlichung seiner Ergebnisse den Amerikanern zuvorzukommen. Prompt erschien seine Arbeit anstandslos in der nächsten Ausgabe der Zeitschrift – mit dem Projektleiter als Mitautor.

Jetzt, aus der Distanz von vierzig Jahren, gab Professor P. diese Episode mit einer gewissen Belustigung, aber auch einem abschätzigen Kopfschütteln über die Rücksichtslosigkeit und Unverfrorenheit wieder, die ihm damals widerfahren war.

Und dann? Wie ging es weiter mit seiner für die Promotion einzureichenden Dissertation, die ja im Wesentlichen aus den Ergebnissen seiner mehrjährigen Untersuchungen bestand? Sah sein blamierter Doktorvater sich dazu veranlasst, seinem Doktoranden bei diesem Promotionsverfahren irgendwelche Steine in den Weg zu legen?

Nein, es kam noch schlimmer: Seine Arbeit wurde von seinem Betreuer und Projektleiter als Promotionsarbeit angenommen, aber dieser gab dann bei jeder Gelegenheit in der Öffentlichkeit die Ergebnisse seines Doktoranden als »Fortführung seiner eigenen Arbeit« aus. Er selbst war von der Schamlosigkeit, ja Wissenschaftskriminalität seitens seines Abteilungsleiters, wie er dies uns gegenüber nannte, und vom ganzen Forschungsbetrieb in diesem Institut so angewidert gewesen, dass er dieses bald nach seiner Promotion verließ und ein zusätzliches Medizinstudium begann. Dort promovierte er schließlich im Bereich der Klinischen Immunologie zum Dr. med. Bereits während seines Medizinstudiums gelangten an ihn aus Fachkreisen der sich inzwischen immer rasanter entwickelnden Gentechnologie wiederholt Anfragen bezüglich seiner früheren, molekularbiologischen Dissertation. Dies führte dazu, dass er, kurz nach seiner medizinischen Promotion, einem Ruf auf einen Lehrstuhl für biologische Immungenetik folgte. Der Hauptgrund für diesen Wechsel zurück in sein ursprüngliches Fachgebiet war gewesen, dass es ihn nach dieser langen Pause wieder in die biologische Forschung zurückzog, mit der er angefangen hatte. Er war älter und nachdenklicher geworden und erlebte dann auch im Lauf der langen folgenden Jahre immer wieder die Freude, mit der ein zum Forschen geborener Wissenschaftler erfüllt werden kann und die so groß ist, dass er sich durch missliche Begleitumstände, die immer wieder auftreten können, von seiner Tätigkeit nicht abhalten lässt.

Diese Freude an den eigenen Entdeckungen, diesen unbändigen Drang, unsere Welt mit zu erforschen, um sie an einem wichtigen Punkt noch besser zu verstehen und damit der Wahrheit über unser Dasein näherzukommen, erlebten wir auch immer wieder besonders ausgeprägt bei unserem Vater/Schwiegervater, dem Physiker Werner Heisenberg. Wenn wir ihn fragten, was denn seine Quantenmechanik genau beinhalte, versuchte er es uns, unserem Auffassungsvermögen entsprechend, zu erklären. Und gelegentlich beendete er seine Ausführungen mit dem strahlend geäußerten Spruch: »Da habe ich dem Herrgott ein kleines bisschen über die Schulter geguckt.« Und das zu tun, auf diese Weise der Wahrheit etwas näherzukommen, war für ihn ein ganz wichtiger Sinn seines Lebens. Er ging selten mit seinen Kindern in die Kirche, und wenn diese ihn fragten, ob er denn gar nicht an Gott glaube, meinte er: »So einfach ist das nicht.« Dann erklärte er uns, dass er nach und nach seine Gottesvorstellung in eine etwas abstraktere Richtung weiter entwickelt habe, und diese blieb für ihn der Kompass seines Lebens. Daneben erlebten wir in dem Bekanntenkreis unseres Vaters natürlich auch Menschen, die in der angewandten Forschung arbeiteten und von dem starken Wunsch erfüllt waren, damit etwas für die Menschen, für ihr Wohlergehen und ihre Gesundheit zu tun. Auch für diese Menschen war dies ein Sinn und damit ein fester Halt in ihrem Leben.

Diese Erfahrung war ein wichtiger Anstoß dafür, in meinem Buch (F.M.) »Das Versagen der Religion« auch Naturerleben, Naturbetrachtung und Naturforschung als eine der zentralen Möglichkeiten für eine innere Sinnfindung und Werteorientierung darzustellen. Verstärkt wurde diese Überzeugung durch das Buch von Grichka und Igor Bogdanow: »Reise zu der Stunde Null. Die Ursprünge des Universums« (Stuttgart 2008). Dort werden von vielen Physikern oder Astronomen Bekenntnisse und Sprüche als Zeugnis dafür zitiert, wie sehr sie aus ihrer Wissenschaft einen bis ins Religiöse gehenden inneren Sinn zu beziehen vermögen. So äußert etwa Albert Einstein: »Man gewinnt die Überzeugung, dass sich in den Gesetzen des Universums ein Geist offenbart – ein Geist, der dem des Menschen bei weitem überlegen ist und gegenüber dem wir uns angesichts unserer bescheidenen Kräfte ärmlich vorkommen müssen.« Oder: »Das kosmische religiöse Gefühl ist das stärkste und nobelste Motiv der wissenschaftlichen Forschung.« Ähnlich urteilt der elsässische Atomphysiker und Nobelpreisträger Alfred Kastler: »Für mich als Physiker ist der Gedanke absurd, das Universum könne ›zufällig‹ entstanden sein.«[1] Und dass auch, ohne den Beruf des Naturforschers auszuüben, allein die Betrachtung der Natur zu überwältigenden Erlebnissen führen kann, die einen Hinweis auf eine Transzendenz zu enthalten scheinen und dem eigenen Leben einen Sinn geben, wird etwa in dem Ausspruch eines Theologen deutlich: »Die Sonne! Kein Laut in der grenzenlosen Weite. Außer dem Gesang der Sonne, den die Ohren nicht, wohl aber die Augen hören. … Wie tief begreiflich, dass die alten Völker in der Sonne eine Gottheit sahen … Mancher Christ, der die Sonne für einen Himmelskörper hält und sonst nichts, empfindet heidnischer als jene Alten, die vor ihr auf die Knie fielen.«[2] So waren beispielsweise auch für den französischen Komponisten Claude Debussy zu Beginn des zwanzigsten Jahrhunderts seine überhaupt nicht kirchlich-christlichen, sondern stark naturbezogenen religiösen Gefühle bezeichnend. So ließ er sich manchmal beim ausgiebigen Betrachten von farbenstarken Sonnenuntergängen so sehr überwältigen, dass er mit dem Himmel über ihm eine gebetsähnliche Zwiesprache hielt und auch einmal gesagt haben soll, die Natur sei seine Religion. Ebenso sind uns auch Malerinnen und Maler bekannt, die nicht in traditioneller Weise an einen persönlichen Gott glauben, das Malen einer besonders schönen Landschaft jedoch als eine

Art Gottesdienst betrachten, das ihrem Leben einen Sinn gibt.

## Sackgasse oder neue Wege?

Im Lauf der Lektüre dieses Buches wird sich zeigen, dass der Wissenschaftsbetrieb sowie das Handeln und die Grundeinstellung des einzelnen Wissenschaftlers abhängig sind von dem in unserer Gesellschaft vorherrschenden Weltbild und den damit verbundenen Grundwerten. In den anstehenden Kapiteln werden wir deutlich zu machen versuchen, dass die vorhin exemplarisch beschriebene, von unkommunikativer Vereinzelung und Konkurrenzstreben bestimmte Arbeitsatmosphäre in dem betreffenden biologischen Forschungsinstitut durchaus dem Mainstream heutiger naturwissenschaftlicher Denkweise entspricht.

In dieser dominiert nach wie vor eine grob materialistische Anschauung von der Beschaffenheit unserer Natur. Mit dieser Anschauung einher geht, dass geistige Werte und ethische Normen nur als losgelöst von diesem materialistischen Weltbild gesehen werden und daher innerhalb naturwissenschaftlicher Forschung nicht thematisiert werden. Dieses heute weitverbreitete dualistische Denken ist das Ergebnis einer sich über Jahrtausende hinziehenden, unterschiedlichen Ausprägung des wissenschaftlichen und vorwissenschaftlichen Weltbilds, in dem das Pendel wiederholt zwischen den beiden extremen Alternativen »nur Geist« oder »nur Materie« ausgeschlagen hat.

Das heutige materialistische Weltbild ist eine Reaktion einer am Anfang der Neuzeit einsetzenden Emanzipation aus der jahrhundertelangen kirchlichen Bevormundung unseres Denkens. Diese fußte auf einem idealistischen, insgesamt aufklärungs- und naturwissenschaftsfeindlichen theologischen Weltbild, welches im Mittelalter durch scharfe Sanktionen gegen allzu eifrig naturwissenschaftlich forschende Linienabweichler gestützt wurde. Dieses Primat des geistig Religiösen wiederum hatte von der jungen christlichen Kirche im Altertum und vor allem in den frühesten christlichen Gemeinden mit hohem Blutzoll gegen das antireligiöse und rationalistisch pragmatische Machtdenken des Römischen Reichs und der griechischen Kultur hart erkämpft werden müssen. Auf diese Weise lässt sich die Kulturgeschichte des Abendlands noch weiter rückwärts verfolgen und schließlich zu einem Bild formen, welches sich bis heute mit einer Art Spiralbewegung, eines epochalen Wechsels zwischen Gegensätzen mit einer in jeder neuen Phase differenzierteren Sichtweise vergleichen lässt.

Derzeit befinden wir uns erneut an einer Weggabelung. Die in den heutigen Naturwissenschaften verbreitete, noch aus der frühen Neuzeit stammende Vorstellung von Elementarteilchen als kleinen Materiekrümelchen unserer Natur droht inzwischen ähnlich zu verkrusten wie am Ende des Mittelalters das lückenlos in sich geschlossene und von der kirchlichen Inquisition überwachte Theoriengebäude der spätscholastischen Theologie. Gegen das heute immer noch hartnäckig unseren Wissenschaftsbetrieb beherrschende, einseitig materialistische Weltbild stehen die diesem diametral entgegengesetzten, neuen Erkenntnisse der *Quantenphysik*. Obwohl im frühen zwanzigsten Jahrhundert experimentell voll bestätigt, ist die Quantenphysik in ihrer physikalischen und philosophischen Tragweite heute immer noch in weiten Kreisen unverstanden geblieben und scheint in Anbetracht ihrer herausfordernden und gedanklich unbequemen abstrakten Struktur auch gern abgewehrt oder ignoriert zu werden. Das zentrale Thema des Buches wird sein, den durch die

*Quantentheorie* herbeigeführten Umbruch in der Naturwissenschaft und die daraus resultierenden Folgen für unser Denken und Handeln aufzuzeigen. Dabei wird die sowohl weltanschauliche als auch technische Bedeutung der Quantenphysik in unserer Gesellschaft zu erörtern sein. Diese Reflexion soll nach Möglichkeit dazu beitragen, den falschen dualistischen Gegensatz zwischen »Idealismus« und »Materialismus« aufzulösen.

Seit Beginn der Philosophie haben sich viele bedeutende Philosophen über die Frage den Kopf zerbrochen, wie Geist und Materie, wie Leib und Seele zusammenhängen. Es gab immer die verschiedenen Lager: Die einen, die meinten, dass der Leib aus Materie geformt, der Geist, das Leben aber den Lebewesen von Gott eingehaucht sei und dass Materie und Geist damit zwei völlig verschiedene, unabhängig voneinander existierende Entitäten sind. Dagegen standen andere Philosophen, wie etwa Platon, der darlegte, dass die Grundlage der Welt geistig sei, dass wir aber nur einen Schatten dieses Geistigen wahrnehmen könnten und dies als die Wirklichkeit deuten würden. Mit Beginn der Neuzeit entstand die Naturwissenschaft, die Methoden entwickelte, die Natur genauer, großenteils durch Experimente, zu erforschen und zu berechnen. Dadurch konzentrierten sich die Menschen immer stärker auf die beobachtbare Materie. Und da diese Art Forschung zu vorher unvorstellbaren Fortschritten in Technik und Medizin führte, entstand die Überzeugung, dass diese Weltbetrachtung richtig und alles eigentlich nur Materie sei. Diese Sichtweise dominiert mehr oder weniger bis heute die Forschungsmethoden und die Art der Interpretation empirischer Untersuchungsergebnisse innerhalb der Naturwissenschaften, z. B. in den verschiedenen Zweigen in der gegenwärtigen Biologie. Diese betrachtet Geist und Bewusstsein mehrheitlich immer noch als Epiphänomen neurobiologischer Vorgänge. Dementsprechend gilt in der biologischen Wissenschaft ein materialistisches Weltbild als vorherrschendes Prinzip. Zu den Axiomen der Naturwissenschaften gehört der sogenannte Methodische Atheismus, d. h. Gott darf weder als Lückenbüßer für noch nicht vollständig passende physikalische Gesetze noch als Ursache von empirischen Ereignissen genutzt werden. Jede zusätzliche Suche eines Biologen nach einem inneren Sinn und nach einer geistigen Werteorientierung oder gar nach religiösen Glaubensinhalten wird in diesem System eines materialistischen Monismus gern auf eine mit naturwissenschaftlichen Wahrheiten letztlich unvereinbare Privatsache des einzelnen »unbelehrbaren« Forschers reduziert. Und da die Wissenschaft aufgrund ihrer unbestreitbaren Erfolge für die Weiterentwicklung unserer Welt große Autorität genießt, hat auch ihre Ablehnung jeglicher Art von Transzendenz einen nicht zu unterschätzenden Einfluss auf das Denken der Menschen in unserer Gesellschaft allgemein. Nicht nur werden die Menschen dann in ihrer geistigen Orientierung verarmt, sondern auch die Wissenschaft verliert leicht ihre grundlegende Zielrichtung aus dem Auge, mit ihrer Wahrheitsfindung und dem technischen Fortschritt dem Wohl der Menschen zu dienen. Und sie erliegt schließlich der Gefahr, sich aus einem kurzsichtigen, sich oft verwerflich auswirkenden Fortschritts- und Erfolgsdenken heraus bei ihrer (etwa gentechnologischen) Forschungstätigkeit skrupellos über oberste moralische Prinzipien hinwegzusetzen mit der Bereitschaft, zugunsten ihrer wissenschaftlichen Erfolge gewisse Grundprinzipien der Menschenwürde zu verletzen.

Grundsätzlich anders sieht es aus mit der die Biologie und Chemie und damit jede Naturwissenschaft grundlegenden *modernen Physik*. Hier haben sich zu Beginn des zwanzigsten Jahrhunderts vor allem durch die Revolution der Quantenphysik neue Türen geöffnet. Deswegen konnte auch unser Vater/Schwiegervater begeistert davon berichten, dass die Grundlage unserer Welt eben nicht kleine Materieteilchen seien, die Atome, sondern dass unsere Materie letztlich aus Geistigem, aus wunderschönen mathematischen Strukturen besteht. Darüber hinaus konnten im Laufe der Weiterentwicklung der Quantenphysik bis in das 21. Jahrhundert hinein neue Wege beschritten werden, auch die Entstehung von Bewusstsein und Psyche, also das Geistige, naturwissenschaftlich zu erklären.

Die von der Quantenphysik wieder entdeckte *enge Zusammengehörigkeit von Materie und Geist* ist an sich nicht neu. Vielmehr wurde schon Jahrtausende lang in den Hochkulturen des Mittelalters und der Antike diese Auffassung immer wieder von einzelnen Persönlichkeiten, darunter auch experimentierfreudigen Theologen und Philosophen vertreten, auf die wir an gegebener Stelle zurückkommen werden. Deswegen währte, streng genommen, die Unterbrechung dieser ganzheitlichen Sichtweise zwischen der beginnenden Neuzeit und dem Paradigmenwechsel der Quantenphysik im beginnenden Atomzeitalter also nur wenige Jahrhunderte.

Auf diesem Hintergrund soll der grundlegende Aufbau der vorliegenden Schrift folgendermaßen aussehen:

Als Erstes werden wir die wechselhafte Geschichte des Verhältnisses von Wissenschaft und Religion bzw. des Verhältnisses von Natur- und Geisteswissenschaft überblicksweise von den Hochkulturen des Altertums bis heute nachzeichnen und dabei zeigen, wie stark dieses Wechselverhältnis die Kultur bis heute geprägt hat. Danach werden wir uns den neuen theoretischen Grundlagen der Quantenphysik des 20. und 21. Jahrhunderts zuwenden, die eine Basis ist für eine neue Zusammenschau von Materie und Geist. Aus dem

Weltbild der Quantenphysik als der Physik der Möglichkeiten und der Beziehungen ergeben sich weitere spezielle Aspekte. Sie betreffen einmal die Naturwissenschaften selbst. Zum anderen erscheinen bei der Analyse der Wechselwirkung zwischen Gehirn und Bewusstsein unter quantenphysikalischem Aspekt bestimmte Phänomene menschlichen Erlebens, menschlicher Wahrnehmung und Erinnerung sowie gewisse individuelle und zwischenmenschliche Tiefenerfahrungen in einem neuen Licht. Auch bei der Reflexion weiterer existentieller Bereiche unseres Lebens wie etwa die Frage nach einer möglichen Weiterexistenz nach dem Tode oder die nach der Willensfreiheit, kann die Einbeziehung quantenphysikalischer Vorgänge neue Perspektiven eröffnen. Aus unseren Erörterungen folgen am Ende des Buches Forderungen nach sinnvollen kreativen und kooperativen Maßnahmen im Bereich von Kultur und Wissenschaft im Dienste des physischen und geistigen Überlebens unseres Planeten.

Dieses Buch bewegt sich gewissermaßen auf einer Gratwanderung zwischen einerseits empirisch gesicherten naturwissenschaftlichen Fakten, ohne primär eine naturwissenschaftliche Abhandlung zu sein, und andererseits weitgreifenden gedanklichen Schlussfolgerungen mit einer neuen Sicht des Bewusstseins. Dabei ist es das Ziel, die zwar scharf bleibenden, aber durch die moderne Quantenphysik auch sehr dünn gewordenen Grenzen zwischen Natur- und Geisteswissenschaft bzw. Naturwissenschaft und Philosophie, Spiritualität und Religion herauszuarbeiten. Dies bedeutet jedoch gleichzeitig auch immer eine klare Absage an jede Form einer parawissenschaftlichen Esoterik oder gar eines abergläubischen Spiritismus. Deswegen werden wir im Entwicklungsfluss der heutigen Quantenphysik immer streng unterscheiden zwischen empirisch Bestätigtem und bisher noch hypothetisch Gebliebenem.

Die folgende, eigentliche Kernhypothese dieses Buchs wird sich erst langsam aus dessen Erörterungen herausbilden:

Nicht nur in der Naturwissenschaft, sondern auch in Religion, Politik und Gesellschaft beherrscht in weiten Kreisen eine destruktive, oft lebensbedrohliche Haltung von Dogmatismus, Intoleranz und Enge und eine von Angst und Machtdenken diktierte, lernresistente Grundmentalität unseren Alltag. Diese mag mit dem kausalen Denken eines lückenlos in sich geschlossenen, deterministischen Systems der klassischen Physik auf der einen und auf der anderen Seite einem davon abgespaltenen, genauso in sich geschlossenen, starren System fundamentalistischer Religion und Moralvorstellungen kompatibel sein. Die Quantenphysik als Physik der Möglichkeiten und der ganzheitlichen Beziehungen passt jedoch nicht mehr zu dogmatisch deterministischen Grundhaltungen in religiösen, politischen und gesellschaftlichen Fragen. Sie bringt vielmehr eine völlig neue Chance eines grundlegenden Umdenkens und einer Öffnung zu einem flexibel weitblickenden und von Pluralität und Toleranz bestimmten Denken mit sich. Dieses Umdenken fordert uns Menschen zu einem fortwährenden zwischenmenschlichen Dialog auf sowie zu einem Austausch unterschiedlichster Positionen auf Augenhöhe. Jede Abgrenzung und kleingeistig hybride Rechthaberei und Exklusivität, wie sie heute überall noch anzutreffen ist, entspricht nicht dem Wesen unserer Welt und ist deshalb schädlich. Es ist zu hoffen, dass dieses neue Denken und seine vielfachen Konsequenzen langfristig ein Wegweiser sein können für ein für unser globales Überleben dringend gefordertes Umdenken.

# II. Die Entwicklung der Naturbetrachtung und Naturwissenschaft vergangener Epochen in Spiralbewegungen

## Astronomie als Fähigkeit der Priester in der vorchristlichen Antike

Schon in vorgeschichtlicher Zeit scheinen sich die Menschen für den Sternhimmel interessiert zu haben. In den aus der Zeit von 17 000 bis 15 000 v. Chr. stammenden Wandmalereien in der Höhle von Lascaux finden wir eine Darstellung des Sommerhimmels sowie einzelner Sternbilder. In der Jungsteinzeit war die Verwendung eines Kalenders auf der Grundlage von Kenntnissen über Mond, Sonnenbahn und vor allem über Jahreszeiten für die Verbesserung landwirtschaftlicher Kultur lebenswichtig. Mit diesem pragmatischen Alltagsaspekt eng verbunden war die religiöse Deutung von Himmelsphänomenen. Umgekehrt mag der Beginn des Ackerbaus auch die Ausbildung von Astralkulten und den eigentlichen Beginn der Astronomie gefördert haben. Die vor etwa 7000 Jahren errichtete Kreisgrabenanlage von Goseck an der Saale, also in dem damals noch angeblich völlig unkultivierten germanischen Raum, gilt als das älteste Sonnenobservatorium der Welt.

Von einer besonders eindrucksvollen und der wohl bekanntesten prähistorischen Kultstätte Europas zeugen heute noch Reste des an die 5000 Jahre alten und seit 1986 zum Weltkulturerbe der UNESCO gehörigen Bauwerks *Stonehenge* im südlichen England. Es gibt Gründe für die Annahme, dass Stonehenge, ursprünglich hauptsächlich als Begräbnisstätte genutzt, gleichzeitig auch ein vorzeitliches Observatorium mit dem Zweck einer optimalen zeitlichen Festlegung von Aussaat und Ernte darstellte. Denn das Bauwerk war so ausgerichtet, dass am Morgen des Mittsommertags die im Jahresverlauf am nördlichsten stehende Sonne genau so über einem besonderen Stein, dem Fersenstein, aufging, dass deren Strahlen in gerader Linie bis in die im Inneren liegende hufeisenförmige Anordnung von Steinen eindringen konnten. Aber auch die Wintersonnenwende und die Frühlings- und Herbst-Tagundnachtgleiche als die vier agrarwirtschaftlich wichtigsten Zeitpunkte des Jahres konnten mit Hilfe von dessen baulicher Anordnung klar bestimmt werden. Auf die kultische und astronomische Doppelnutzung von Stonehenge weist die kreisrunde Grabanlage hin, in der anscheinend die Elite des dortigen Volksstammes begraben wurde. Außerdem wurden in der Nähe große Feste gefeiert, ein schnurgerader Pilgerweg führte von dieser Feststätte zu den religiösen Steinringen in Stonehenge. Diese religiösen Feste waren so wichtig, dass zu ihnen Menschen sogar aus mehr als tausend Kilometer entfernten Gegenden in Schottland gepilgert sein sollen. Das heißt, Astronomie und Religion waren eng miteinander verbunden, und die religiösen Führer zeigten durch ihre genaue Himmelsbeobachtung und ihr daraus resultierendes Wissen zum Nutzen der Ackerbau betreibenden Bevölkerung ihre Autorität.

Es ist kaum vorstellbar, wie es die Menschen damals ohne die uns heute zur Verfügung stehenden technischen Hilfsmittel fertiggebracht haben, diese riesigen Steine an ihren Ort in Stonehenge zu transportieren und aufzustellen. Im Dienste des religiösen Kults aktivierten die Menschen alle ihre Erfindungsgaben und taten gemeinsam ihr Bestes, um damit ihrem Gott zu dienen. In neuester Zeit gibt es sogar Vermutungen, dass dort auch Musik gemacht wurde und dass die kreishafte Anordnung der Steine mit Interferenzstrukturen bei musikalischen Darstellungen zusammenhängt.³ So war der religiöse Kult ein entscheidender Motor für die Entwicklung einer Kultur, die dann später zur Errichtung wunderbarer, kunstvoller Steinbauten führte, wie wir sie etwa in Griechenland oder der Westtürkei bewundern.

Die Entdeckung der Bronze allerdings veränderte das Leben der Menschen so stark, dass die Priester von Stonehenge und damit diese Kultstätte – und wahrscheinlich auch die Kultstätte in Goseck – ihre Bedeutung verlor. Dass aber auch in der Bronzezeit die Himmelsbeobachtung eine große Rolle spielte, zeigt die vor wenigen Jahren erst gefundene, an die 4000 Jahre alte Himmelsscheibe von Nebra, eine Bronzeplatte mit einem Durchmesser von etwa 32 cm aus der Bronzezeit mit Einlagen aus Gold, die offenbar astronomische Phänomene, die im Zusammenhang mit Kalendern stehen, und Symbole religiöser Themenkreise darstellen. Sie wurde auf dem Mittelberg nahe der Stadt Nebra in Sachsen-Anhalt gefunden und liegt jetzt im Landesmuseum für die Vorgeschichte von Sachsen-Anhalt in Halle. Die Bronzezeit, die neu entdeckte Möglichkeit, Metall zu gewinnen und zu nutzen, hatte also auch auf religiösem Gebiet zu einem deutlichen Umbruch geführt. Und wieder wurde für religiöse Riten das Kunstvollste geschaffen, was den Menschen damals möglich war, so dass Religion und Kultur sich wahrscheinlich gegenseitig förderten.

Anders als in Nordeuropa, wo heute die vorgeschichtliche Astronomie nur auf archäologischem Wege erforschbar ist, existieren für *Ägypten* und besonders für *Mesopotamien* bis ins 3. Jahrtausend zurückreichende schriftliche Aufzeichnungen. Die astronomischen Frühforschungen besonders in Ägypten sind wohl auf dem Hintergrund des damals dort herrschenden Sonnenkults und der Bemühungen zur Berechnung des genauen Eintritts der Nilschwemme zu sehen.⁴ In der altägyptischen Religion wachten die Priesterastronomen über ihr astronomisches Wissen und insbesondere auch über eine wiederholte Korrektur des Jahreskalenders in der Weise, dass alte religiöse Feste nicht daraus verschwinden sollten.[5]

An der mesopotamischen Astronomie wiederum ist besonders bemerkenswert, wie präzise die Messungen auf Tausenden von Tontafeln in Keilschrift aufgezeichnet wurden. Von diesem Wissen profitierte auch Thales von Milet bei seiner Vorhersage der geschichtsträchtigen Sonnenfinsternis vom 28. Mai 585 v. Chr., welche den zermürbenden Krieg zwischen den Lydern und den Medern zugunsten der frühzeitig »vorgewarnten« Lyder entschied. Einfache Formen, die Bewegung von Himmelskörpern darzustellen, nämlich Armillar(Armreif-)sphären bzw. eine »Weltmaschine« als astronomisches Gerät mit mehreren gegeneinander drehbaren Metallringen, die zusammen eine Kugel bildeten, wurden bereits von den Babyloniern genutzt und später von den Griechen weiterentwickelt. Der griechische Umgang mit astronomischen Entdeckungen war allerdings ein anderer als der der Babylonier und Altägypter. Astronomie wurde von den Griechen ausschließlich aus wissenschaftlichem Interesse betrieben, unabhängig vom praktischen Nutzen des Kalenders und ohne religiöse und astrologische Motive. Sie war daher auch nicht mehr die Angelegenheit von Priestern, sondern von Naturforschern. Das heißt, inzwischen hatten sich die Griechen ihre Schrift erfunden und damit so viel Wissen erworben, dass auch normale Bürger, unabhängig von der Religion anfingen, die Natur intensiv zu beobachten und darüber nachzudenken. Und diese geistige Freiheit führte zu etwas Neuem, zu einem Umbruch, der die Entwicklung der Kultur entscheidend voranbrachte:

Schon seit mehreren zehntausend Jahren hatten die Menschen ihre Kultur denkend weiterentwickelt. Etwa im fünften Jahrhundert vor Christus wurde den Menschen ihr Denken bewusst, und sie wurden fähig, dieses Denken als eine wichtige Kompetenz bewusst zu fördern und auf alle möglichen Bereiche anzuwenden. Auf diese Weise entstand die *Philosophie* im eigentlichen Sinn. Der 469 v. Chr. geborene und in Athen wirkende Grieche Sokrates kann als der erste eigentliche Philosoph bezeichnet werden, denn er erforschte nicht nur die Natur, sondern erkundete das Denken selbst. Er war von der Möglichkeit des Denkens so fasziniert, dass er auf dem Markt die jungen Leute mit seinen Fragen zu verstärktem Denken zu animieren versuchte. Diese neue Art des Denkens stieß allerdings bei den meisten Menschen in seiner Umgebung auf erheblichen Widerstand. Dies galt auch für Sokrates' Frau Xanthippe, das Sinnbild eines keifenden Weibes, die sich darüber erbitterte, dass ihr Mann vor lauter Denken und Reden darüber nicht mehr für die alltäglichen Bedürfnisse seiner Familie sorgte. Schließlich wurde Sokrates dazu verurteilt, einen Giftbecher zu trinken, weil er die Jugend angeblich durch seine Fragen verführte und verunsicherte. Obwohl Sokrates hätte fliehen können, trank er dieses Gift, weil er der Überzeugung war, dass der Einzelne sich der Gemeinschaft und ihren Beschlüssen beugen müsse. Angeregt durch dieses Bewusst-Werden des Denkens, beschäftigte sich Platon als Schüler von Sokrates nicht nur mit Ethik und Kosmologie, sondern er schuf unter anderem auch eine Staatstheorie, eine Kunsttheorie und eine Erkenntnistheorie.

Die Entdeckung des Denkens stammte allerdings nicht von Sokrates allein, sondern die Welt allgemein schien reif zu sein für diesen Umbruch, für das Bewusst-Werden, dass es so etwas wie Weisheit gibt und man ihr durch Denken auf die Spur kommt. Denn etwa um die gleiche Zeit entstand in China eine Art Weisheitslehre mit Lao-Tse als ihrem bekanntesten Vertreter. Die Menschheit hatte durch die Erfindung der Schrift so viel Wissen und Erkenntnis angesammelt, dass sich ihr die Weisheit als eine wichtige Möglichkeit für ein sinnerfülltes, erstrebenswertes Leben eröffnete. Dies geschah in mehreren Kulturen auf der Erde völlig unabhängig voneinander. Der bewusste Einsatz des Denkens dafür, unser Leben besser zu ordnen und Weisheit zu erlangen, schien damals quasi in der Luft zu liegen. Diese Erkenntnis breitete sich aus, entwickelte sich weiter und beeinflusste unsere gesamte Kultur bis heute entscheidend. Mit diesem In-Besitz-Nehmen des Denkens erkundeten die Menschen nicht nur die Astronomie, sondern auch viele andere Bereiche der Natur.

## Vernunftbetonte Naturforschung und Naturphilosophie im alten Griechenland

Eine Reise in die heutige Westtürkei, die vorchristliche Wiege der europäischen Kultur in dem an der westlichen Mittelmeerküste gelegenen, ehemals griechischen Kleinasien, brachte uns dieser Zeit und dem Leben und Denken der dortigen Menschen um Einiges näher. Allein schon die archaisch wirkende, weite und karge Hügellandschaft zwischen den zu besichtigenden Städten und antiken Ausgrabungen ließ uns immer wieder in jene weit vergangene Epoche eintauchen. Erst recht in sie zurückversetzt fühlten wir uns während unseres Aufenthalts an den Tempelresten von Milet, etwa 80 km südlich vom heutigen Izmir, in dem Thales von Milet um 600 v. Chr. seine naturkundlichen und mathematischen Forschungen betrieb. Er entwickelte den nach ihm benannten Thaleskreis als Hilfsmittel zur Konstruktion rechtwinkliger Dreiecke und lehrte, dass das Leben aus dem Wasser entstanden sei, eine Lehre, die gar nicht so weit von unseren heutigen Anschauungen entfernt ist. Insbesondere in der antiken Stadt Ephesos, deren altes Zentrum zwischen zwei Hängen durch Ausgrabungen bereits freigelegt war, konnten wir sehen, welch hohe Kultur damals schon solches wissenschaftliches Arbeiten möglich machte. Ursprünglich überdachte Pflasterstraßen führten uns durch die Stadt bis zum ehemaligen Hafen, vorbei an höchst kunstvoll errichteten Tempeln, Wohnhäusern und einer imposanten, mehrstöckigen Bibliothek, in der damals jeder, der wollte, aus über zweitausend handgeschriebenen Büchern sein Wissen erweitern konnte. Es war faszinierend, sich vorzustellen, wie die ersten »Physiker«, Thales, Anaximander und Anaximenes in Milet und insbesondere Heraklit in Ephesos im 7. und 6. Jahrhundert v. Chr. dort gelebt und gewirkt hatten.

Bereits von den Vorsokratikern bis zum 6. Jahrhundert v. Chr. stammen unterschiedliche astronomische Modelle. Thales von Milet, Mathematiker und Astronom, vertrat ein geozentrisches Weltbild mit der Erde im Zentrum und einer den Himmel bildenden Kugelschale (Sphäre). Diese Sichtweise, die etwa 200 Jahre später von Aristoteles mit Nachdruck vertreten und um etwa 150 n. Chr. von Claudius Ptolemäus noch weiter ausgeführt wurde, beherrschte die nächsten fast zweitausend Jahre unser Bild von der im Zentrum des Kosmos ruhenden Erde. Und dies, obwohl schon im 3. Jh. v. Chr. Aristarch von Samos erkannte, dass die Sonne im Zentrum unserer Welt stünde. Er wurde mit seinen Messungen von seinen Zeitgenossen allerdings nicht anerkannt. Dabei entwickelte er sogar eine korrekte Methode, den Abstand der Erde zur Sonne im Verhältnis zum Mond zu messen.

Auch über das Licht machten sich diese Naturforscher Gedanken. Demokrit beschäftigte sich mit der Frage, wie unser Sehen zustande kommt, und entwickelte erste Theorien des *Lichts*.[6] Später entwickelte Euklid in Alexandria die Optik auf geometrischer Basis weiter und untersuchte die Spiegelung mit mathematischen Methoden. Ptolemäus sowie Heron von Alexandria maßen auf experimentellem Wege die Lichtbrechung.

Pythagoras beschrieb auf der Grundlage der einer Legende nach in seiner Schmiede entdeckten Zahlenverhältnisse von Wohlklängen erste konkrete und quantitativ dargestellte Naturgesetze der *Akustik*.[7]

Die verstärkte Erforschung der Natur, auch mit Hilfe von Experimenten und genauer Beobachtung, war eng verbunden mit intensivem Nachdenken über die Grundlage der Welt, weit über das Beobachtbare hinaus. So meinte Demokrit, ein Zeitgenosse von Platon, dass alles aus kleinsten nicht mehr teilbaren und nicht mehr wandelbaren Teilchen, den Atomen, besteht. Diese Vorstellung ist heute noch tief im Denken der meisten Menschen verwurzelt. Für Platon hingegen war die eigentliche Grundlage unserer Welt die rein geistige Welt der Ideen, von der wir aber mit unserem begrenzten Verstand quasi nur die Schatten wahrnehmen können. Platons Schüler Aristoteles wiederum wandte sich gegen diese Ideenlehre und betrachtete die Gegenstände als die real existierende Grundlage der Welt und meinte, dass sie alle aus Substanz (wir würden wohl heute sagen, aus Materie) und Form bestehen. Es gab also schon damals unter den im alten Griechenland Lehrenden eine heftige Diskussion darüber, was die Welt im Innersten zusammenhält.

Von den meisten Philosophen aus der Zeit vor Sokrates sind allerdings nur Fragmente erhalten, was uns den Zugang zu dem, was sie lehrten, erheblich erschwert. Aber es scheint, dass sich schon Pythagoras, der hundert Jahre vor Sokrates in seiner Schmiede die Töne und ihre Harmonien untersuchte, durch seine Entdeckungen dazu veranlasst sah, in der *Zahl* eine zentrale Bedeutung für das Verständnis der Welt zu sehen und die Harmonien in der Musik als verborgene Beziehungen zwischen Zahlen verantwortlich für den Aufbau des Kosmos und für die Bewegung der Gestirne zu sehen. Dies ist deshalb besonders bemerkenswert, weil die heutige Elementarteilchenphysik im Grunde nur mit Zahlen operiert, und das, was sie berechnen kann, in eine den Laien verständliche Bildsprache zu übersetzen versucht. Für viele heutige Physiker scheinen ebenfalls die Beziehungen zwischen den Zahlen, also mathematische Strukturen, die Grundlage unserer Welt zu sein.

Pythagoras' Zeitgenosse Xenophanes von Kolophon stellte den Begriff des *Göttlichen* explizit in das Zentrum seiner Philosophie. Dieses Göttliche ist reiner, körperloser Geist, ganz ohne menschliche Züge. Diese Idee muss man auf dem Hintergrund des damaligen griechischen Denkens betrachten, in dem der Himmel noch von vielen allzu menschlichen Göttern bewohnt wurde, etwa von Zeus, der neben seiner Schwester und Frau mehrere Geliebte hatte. In diesem Sinn war die Idee eines abstrakten göttlichen Geistes eine bedeutende Neuerung im Denken dieser Zeit.

Der nur wenig jüngere Philosoph Heraklit führte als Erstes den Begriff des *Logos* ein, was ursprünglich »Wort«, aber auch »Regel«, »Gesetz«, »Sinn« heißt und der für ihn eine Art Weltgesetz darstellt. Die Erkenntnis des Logos ist allen Menschen gemein, und er ist grundsätzlich durch Selbsterforschung erschließbar. Das dem Logos unterliegende Weltgeschehen ist vor allem durch Wandelbarkeit und Dynamik gekennzeichnet (»alles fließt«). Somit ist das *Feuer* eine physikalische Entsprechung des göttlichen Logos. Das oberste, göttliche Prinzip unserer Existenz bleibt jedoch eine dem menschlichen Geist nur begrenzt zugängliche und letztlich verborgene Gesetzmäßigkeit der Welt und der Natur.

Die Einsicht in diese Gesetzmäßigkeit steht in enger Beziehung mit der rechten Art zu leben und zu handeln.[8]

Ähnlich wie Heraklit beschäftigte sich auch Anaxagoras von Klazemonai mit den Grundlagen unserer Welt und unterschied zwischen dem Geist und der Materie, wobei der Geist (Nous) die zunächst völlig ungeordnete Materie ordnet. Dieser »Nous«, das »feinste aller Dinge«, »besitzt von allem alle Kenntnis und hat die größte Kraft. Und über alles, was Seele hat, ... über all dies hat der Geist Herrschaft. Und das, was sich da mischte und voneinander schied, alles erkannte der Geist. Und wie alles werden sollte und wie es war, was jetzt nicht mehr ist, und alles, was jetzt ist und wie es sein wird, alles ordnete der Geist an, auch diese Umdrehung, die jetzt die Sterne, Sonne und Mond vollführen ...«[9] Anaxagoras brachte auch diese Art des Nachdenkens nach Athen, in das er aus Kleinasien auswanderte. Er beriet und lehrte Perikles, der nach den Aussagen von Plutarch dadurch zu einer hohen Denkungsart und großen Würde gelangte. Trotzdem wurde er nach drei Jahrzehnten Aufenthalt in Athen von den Altgläubigen wegen Gottlosigkeit verklagt und aus der Stadt vertrieben, weil er in der Sonne nur einen riesigen glühenden Stein sah, der größer sei als der Peloponnes.

Fünfhundert Jahre lang entwickelte sich dieses Denken, etablierte und verbreitete sich zunächst in der griechischen Kultur. Als das griechische Leben allzu einseitig von Friedfertigkeit und Beschaulichkeit bestimmt war und daher die sehr viel kriegsfreudigeren Römer ihr Herrschaftsgebiet auch nach Griechenland ausweiteten, wurden die geistig weit höher entwickelten Griechen als Sklaven in die römischen Patrizierhäuser geholt, um die Knaben zu unterrichten, und sie brachten auf diese Weise ihre Kultur auch in das Römische Reich.

# Die Finsternis frühchristlicher
# Naturwissenschaftsfeindlichkeit

Im noch südlicher und östlicher gelegenen Mittelmeerraum setzte während jener Epoche eine völlig andersartige, die Welt verändernde geistige Bewegung ein. Sie entsprang dem Wirken des jungen Wanderpredigers und religiösen Radikalreformers jüdischer Herkunft in Palästina, Jesus aus Nazareth. Dieser stand nicht nur mit seinem Wort für die bedingungslose Liebe und Vergebung ein, die er nicht als Aufhebung, sondern als Erfüllung des jüdischen Gesetzes sah. Er lebte sie auch beispielhaft vor und verkündete gleichzeitig die Naherwartung des Königreichs Gottes mit ihm als »König der Juden« im religiösen wie auch im politischen Sinn gegen die römischen Besatzer. Abgesehen von einigen ihm zutiefst überzeugt folgenden Jüngerinnen und Jüngern erregte Jesus mit seinem revolutionären Programm vor allem bei den jüdischen Schriftgelehrten sowie auch schließlich bei den römischen Besatzern des Landes so viel Anstoß und öffentliches Ärgernis, dass er grausam am Kreuz hingerichtet wurde. Seine Predigt und seine damals durchaus nicht übliche liebevolle Hinwendung zu den Armen, Kranken und angeblichen Sündern machten jedoch den Menschen bewusst, dass eigentlich die Liebe das Wichtigste im Leben ist. Sicher hatten auch schon die Griechen über die Liebe nachgedacht und sogar zwischen zwei Formen der Liebe, Eros und Agape, unterschieden. Aber die Erkenntnis, dass die Liebe das Leben erst voll und glanzvoll werden lässt, empfanden die Menschen als eine Erlösung. Das Wichtigste war für sie die Botschaft, dass der eine Schöpfergott, an den die Menschen damals in der Region glaubten, nicht primär ein strafender, sondern ein liebender Gott ist, der von den Menschen nicht primär Gesetzeserfüllung erwartet, sondern ihnen die von

Jesus vorgelebte Liebe schenkt und entsprechendes Verhalten von ihnen erwartet. Die Erleichterung durch diese neue Denkweise war so groß, dass diese radikale neue Lehre sich nach Jesu Tod über eine wachsende Zahl von Jüngern und Aposteln im ganzen Römischen Reich verbreitete. Der Preis, den die neuen Christen dafür zahlten, war ihre systematische und zunehmend gnadenlose Verfolgung und Tötung durch die römischen Herrscher bis ins vierte Jahrhundert hinein.

Der Hintergrund, auf dem sich diese neue Lehre entwickelt hatte, war die jüdische Tradition mit dem Glauben an einen einzigen Gott, der sein Volk auserwählt hat. Dies war so in der jüdischen Thora niedergelegt und auch von den Christen als Altes Testament in ihre heiligen Schriften übernommen worden. Auch wenn sich das Christentum in seiner Frühgeschichte von der griechisch-römischen Gedankenwelt hatte beeinflussen lassen, war insgesamt die jüdische Tradition und die Botschaft Jesu seine Grundlage. Und diese war von Anfang an von einer völlig andersartigen Grundeinstellung geprägt als die der antiken Griechen. Daher ging es auch in der jüdisch-christlichen Religion ausschließlich um die *Heilsgeschichte des Bundes zwischen Gott und Mensch* und nicht um wissenschaftliche Erkenntnisse und philosophische Entwürfe wie im klassischen griechischen Denken. Bei den Griechen war Wissen ein Weg zur Weisheit, wenngleich auch im Blick auf das Göttliche, aber der Zugang zu diesem Göttlichen verlief bei ihnen über die Natur und die Ordnung im Kosmos, in die wir Menschen eingebettet sind.[10]

Dass auch im Jüdischen Kulturkreis die Menschen sich tiefsinnige Gedanken über die Entstehung der Welt gemacht hatten, zeigt der Schöpfungsbericht ganz am Anfang des ersten Buch Mose. Dort finden sich geradezu faszinierende

Übereinstimmungen mit heutigen astrophysikalischen Ansichten über den Beginn des Universums. Gott schuf Himmel und Erde aus dem Nichts, und zunächst herrschte dort »Tohuwabohu«, der hebräische Ausdruck für Chaos. (Von Luther als »wüst und leer« übersetzt.) Der Mainstream in der astronomischen Forschung glaubt heutzutage belegen zu können, dass der Kosmos tatsächlich aus dem Nichts heraus in einer ungeheuren Explosion entstanden ist und sich immer weiter ausbreitet, wobei dieses Nichts ein Zustand allerhöchster Energie und Spannung gewesen sein muss. Diese Energie wird auf eine noch nicht verstandene Kraft zurückgeführt, die heute mit dem Hilfskonstrukt bzw. der Metapher »dunkle Energie« versehen wird und die eine exponentiell beschleunigte Ausdehnung und gleichzeitige Abkühlung des Kosmos zur Folge hat.

Auch für die Erschaffung des Lichts erst nach der Erschaffung des anfangs noch finsteren Himmels und der Erde im biblischen Bericht gibt es eine bemerkenswerte Entsprechung. Nach heutigen astrophysikalischen Erkenntnissen war das noch ganz junge, sehr viel kleinere und extrem heiße Universum undurchsichtig wie dichter Nebel. Dies rührte daher, dass vor der Bildung ganzer Atome aus den Protonen und Heliumkernen und zunächst noch freien Elektronen, letztere sich den zahlreichen Photonen bzw. Lichtquanten als Hindernis in den Weg stellten und es damit für die Lichtstrahlen kein Durchkommen gab bzw. diese ständig in eine andere Richtung abgelenkt wurden. Erst nach einem Zeitraum nach dem Urknall, der in etwa 370 000 Jahren entspricht, nach dem Abfall der Temperatur unter 3000 Kelvin, schlossen sich die Protonen und Elektronen zu Wasserstoffatomen und wenig später Heliumkerne und Elektronen zu Heliumatomen zusammen. Nun wurde die Bahn frei für die Photonen. Sie bewegten sich jetzt ungehindert durch den

Weltraum, der Nebel klarte auf und das Universum wurde lichtvoll durchsichtig.

Kaum nach der Erschaffung des Menschen am sechsten Tag wendet sich die biblische Heilsgeschichte von der anfänglichen Orientierung an der Natur und von deren vernunftgeleiteten Beobachtung und Erkenntnis wieder ab. Der Zweifel am Wert des Wissens als grundlegendes Lebensgefühl wird in mythischer Form in der Geschichte von der Vertreibung von Adam und Eva aus dem Paradies dargestellt. Adam erhält von Eva die verbotene Frucht vom Baum der Erkenntnis des Guten und Bösen. Er »erkennt« damit zu viel und strebt womöglich nach göttlichem Wissen, das den Menschen verboten und allein Gott vorbehalten ist. Mit dem Essverbot und der Paradiesvertreibung setzt Gott ein deutliches Zeichen dafür, dass das Heil nicht im Wissen, sondern nur im Streben nach Erlösung und nach einer Überwindung des Todes in einer jenseitigen Welt zu liegen hat. Seitdem der erste Mensch dieses heilige Gebot übertreten hat, steht das ganze Menschengeschlecht unter dem Verdikt der nur wieder durch Gottes Gnade zu tilgenden Erbsünde. Noch heute gibt es in Israel viele ultraorthodoxe Juden, die ihre Kinder nicht in die staatlichen Schulen, sondern in eine Talmudschule schicken, wo sie tagaus, tagein nur die Thora auswendig lernen.

Von diesem Grundgedanken ist auch die christliche Botschaft besonders seit Paulus und dann, Jahrhunderte später, seitens des einflussreichsten aller Kirchenväter, Augustinus, bestimmt. Dieser konzediert zwar, dass auch die Natur göttliche Weisheit zu offenbaren vermag, aber er fordert, Wissen nur dann zu erstreben, wenn es dem Glauben dient. Letztlich hat sich damit wissenschaftliches Denken dem Glauben unterzuordnen. Natur vermittelt keine von der Offenbarung unabhängige, ergänzende Einsicht in das Göttliche.

Augustinus (354–430 n. Chr.) lebt bereits in einer Epoche, in der die Verfolgung von Christen und die Zerstörung ihrer Kirchen beendet worden war, nachdem Kaiser Konstantin I. im Jahr 325 das erste große Konzil von Nicäa einberufen hatte und das Christentum einige Jahrzehnte später zur Staatsreligion erklärt wurde. Damit begannen sich die Verhältnisse umzudrehen. Es setzte auf den rasch aufeinanderfolgenden großen christlichen Konzilien eine zunehmende Zementierung des christlichen Glaubens in Form theologisch immer abstrakter formulierter christologischer und trinitarischer Dogmen ein, und das bis ins erste Jahrhundert zurückreichende »apostolische« Glaubensbekenntnis erhielt seine endgültige, heutige Gestalt. In diesem Glaubensbekenntnis ist ausschließlich von Jesu Jungfrauengeburt, Tod und Auferstehung, von der göttlichen Dreifaltigkeit und vom Glauben an die christliche bzw. katholische Kirche die Rede, jedoch nirgends mehr vom Leben Jesu und von der zentralen Bedeutung der Liebe für das menschliche Leben. Auch die Kanonisierung der als »Offenbarung« geltenden alt- und neutestamentlichen Schriften nach Aussonderung sogenannter »apokrypher« Schriften war abgeschlossen. Die gemäßigte, ursprünglich noch mit der Begrenztheit des menschlichen Geistes und einer geforderten Demut begründete Abwehr von Theologie und Kirche gegenüber wissenschaftlichen Anstrengungen radikalisierte sich immer mehr – ein Prozess, der sich auch in den späteren Schriften von Augustinus immer deutlicher beobachten lässt.

Als geradezu *naturwissenschaftsfeindlich* und weit entfernt von der von Jesus gepredigten Liebe und Toleranz gegenüber Andersgläubigen zeigen sich im vierten und fünften Jahrhundert die kirchlichen Machthaber und große Teile der Bevölkerung des christlichen Alexandria. Dort werden im Zuge der Christianisierung der Stadt heidnische Tempel in christliche Kirchen umgewandelt und die nichtchristlichen Feiertage abgeschafft. Als Heiden sich dagegen wehren und Christen in den Serapis-Tempel verschleppen, dort zum Opfern zwingen und kreuzigen, begnadigt der Bischof von Alexandrien, Theophilus, zwar die Mörder, befiehlt aber, den Tempel mitsamt dem dort untergebrachten Teil der berühmten Bibliothek aus Alexandrien, einer unersetzlichen Sammlung des Wissens, der Poesie und der Weisheit der Antike, abzubrennen.

Fünfundzwanzig Jahre später kommt es noch viel schlimmer. Diesmal scheint sich das Motiv der Wissenschaftsfeindlichkeit und des religiösen Fanatismus auch noch mit einem gewissen Ausmaß von Antifeminismus zu mischen, als wäre dies eine Art Vorläufer der späteren christlichen Hexenverfolgung und der generellen Unterordnung der Frau unter den Mann.

In ihrer Heimatstadt Alexandria unterrichtete in der Öffentlichkeit die unverheiratete und als bildschön geltende, inzwischen etwa sechzigjährige griechische Mathematikerin, Astronomin und Philosophin Hypatia, die dem Neuplatonismus und dem ethischen Skeptizismus verpflichtet war. Als Vertreterin einer nichtchristlichen philosophischen Tradition gehörte sie im überwiegend christlichen Alexandria der bedrohten »heidnischen« Minderheit an, erfreute sich jedoch einer lange unangefochten bleibenden, besonderen Beliebtheit bei ihren Hörern. Die Vorgeschichte ihres gewaltsamen Todes bilden die eben angesprochenen starken Spannungen zwischen der christlichen Bevölkerungsmehrheit und Anhängern der alten Kulte. Diese hatten eine Reihe schwerer Ausschreitungen mit Todesopfern zur Folge, mit denen die Philosophin ursprünglich nichts zu tun gehabt hatte. Zusätzlich zu diesem Konflikt schwelte auch noch eine erbitterte Gegnerschaft zwischen Juden und Christen im Lande, welche durch die Hasspredigten des seit 412 amtierenden Patriarchen Kyrill von Alexandria, dem Nachfolger von Theophilus, gefährlich geschürt wurden. Nach einem nächtlichen Angriff seitens einiger Juden zerstörten Kyrills Anhänger, überwiegend analphabetische Mönche mit ausgeprägter bildungsfeindlicher Einstellung, die Synagogen in der Stadt, plünderten die Häuser der Juden, sorgten für deren Enteignung und vertrieben sie schließlich aus der Stadt. Da Hypatia eine exponierte »heidnische« Persönlichkeit im engeren Umkreis des Stadtpräfekten war, verbreitete die christliche Führung Alexandrias als nächstes das Gerücht, dass Hypatia die Versöhnung zwischen der geistlichen und der weltlichen Gewalt in der Stadt hintertreiben würde. Dadurch angestachelt lauerte eine aufgebrachte Menge christlicher Fanatiker Hypatia auf und verschleppte sie in die Kirche Kaisarion. Dort ermordeten sie sie bestialisch und zerstückelten ihren Leichnam, den sie dann irgendwo verbrannten.

Waren diese Verbrechen besonders auf christlicher Seite nur eine Folge der naturwissensfeindlichen Einstellung der Religion gewesen? Oder waren sie vielleicht auch zurückzuführen auf die Verrohung der Menschen durch die Völkerwanderung mit ihren vielen Hungersnöten und Kriegen, in denen der Kampf ums einfache Überleben allein schon die Kräfte der Menschen aufzehrte? Spielte dabei vielleicht auch der sich abzeichnende Niedergang des alten Römischen Reichs eine Rolle, welcher die Volkerwanderung mit ausgelöst hatte und teilweise auch umgekehrt deren Folge war? Jedenfalls ist aus den folgenden vier Jahrhunderten von Wissenschaft und Kultur bis heute nicht viel Sichtbares übriggeblieben. Nur in einigen christlichen Klöstern wurde über Jahrhunderte katakombenartig das Wissen und die Kultur gepflegt und über diese politischen Wirren hinweg bewahrt.

Ein solches Kloster ist beispielsweise die noch heute existierende, mehr als 1500 Jahre alte Abtei Saint Maurice im jetzt schweizerischen Wallis. In solchen Klöstern wurden auch Theologen und Philosophen ausgebildet, die sich um eine Synthese zwischen dem Wissen der alten Griechen und dem christlichen Glauben bemühten. So übersetzte beispielsweise der um 500 n. Chr. im heute italienischen Raum lebende Theologe und Philosoph Boethius Werke von Platon und Aristoteles vom Griechischen ins Lateinische, die damalige Kirchensprache, um sie den Menschen zugänglich zu machen. Dieser Boethius wurde zuletzt Opfer der weltlichen Macht, die ihn einer politischen Verschwörung verdächtigte und hinrichten ließ.

Die Verbindung zwischen Kult und Kultur war damals insgesamt Sache der Mönche und Theologen, während das einfache Volk zwar christianisiert, aber nicht an Bildung und Kultur beteiligt wurde. Das wird auch an der Sprache deutlich. Denn die Kirchensprache war lateinisch und damit auch die Sprache der damaligen Gelehrten, die aus den Klöstern hervorgegangen waren. Das ermöglichte zwar einen europaweiten Gedankenaustausch der gebildeten Oberschicht, hielt aber das einfache Volk dem Wissen fern und reservierte dieses Wissen für die kirchlichen Kultzentren. Aber selbst die lateinische Sprache verfiel langsam, so dass auch die in den Klöstern ausgebildeten Theologen die alten Schriften nicht mehr wirklich lesen und verstehen konnten.

Gegen Ende der Zeit der Völkerwanderungen entstand eine ausgedehnte Staatsstruktur unter Karl dem Großen. Er erkannte die Gefahr, die durch den Verfall der Kultur und der Bildung entstand. Er förderte die Klosterschulen und wies die Klöster an, wieder auf korrektes Latein zu achten, und er unterstützte darüber hinaus die Vervielfältigung alter, auch nichtchristlicher lateinischer Schriften. An seinem Hof sammelte er eine Gruppe von Gelehrten, mit denen er sich beriet und sich für ein intensiveres Nachdenken über Philosophie und Theologie einsetzte. Die Kultur verblieb somit in der kirchlich-lateinisch sprechenden Bildungsschicht, aber die Initiative zum Wiederaufbau dieser Kultur ging diesmal von einem weltlichen Herrscher aus. Karl der Große nahm auch die Kultur des Volkes ernst und sammelte alte deutsche Heldenlieder, versah die Kalendermonate mit deutschen Namen und begann eine deutsche Sprachlehre zu verfassen. Trotzdem dauerte es noch einmal sechshundert Jahre, bis die Bürger sich auch außerhalb der christlichen Institutionen dem Wissen zuwandten und ihnen bewusst wurde, wie man Wissen erwerben, erarbeiten und überprüfen kann und sich schließlich immer mehr Menschen dieser Aufgabe widmeten.

Erst nach der Jahrtausendwende trugen der allgemein wachsende Wohlstand und die Herausforderung durch die inzwischen angebrochene kulturelle Hochblüte des Islam zu einer Wiederbelebung antiker, auch auf ein wissenschaftliches Naturverständnis orientierter Traditionen bei. Diese Entwicklung beschränkte sich jedoch vorerst auf einige wenige leuchtende Inseln innerhalb eines von Kreuzzügen sowie von der Inquisition der »Ketzer«- und der »Hexen«-Verfolgung geprägten mittelalterlich-kirchlichen Lebens.

## Christlich-theologische Wegbereiter des naturwissenschaftlichen Denkens im ausgehenden Mittelalter im Visier kirchlicher Kontrolle

Während unseres Studiums vor allem der katholischen Theologie pflegten kulturgeschichtlich wichtige und bedeutende, aber nicht dem Mainstream der kirchlichen Lehre folgende

Denker des Mittelalters mehr oder weniger totgeschwiegen zu werden, selbst dann, wenn sie, wie die meisten von ihnen, einem kirchlichen Orden angehörten. Zu diesen zählten vor allem die von der christlichen Mystik geprägten oder mindestens zu ihr neigenden Theologen wie zum Beispiel der Ire Johannes Scotus Eriugena, der um 850 n. Chr. am Hofe Karls des Kahlen lehrte und über die christliche Lehre, den Menschen und die Natur in neuer Weise nachdachte. Der Häresie angeklagt wurde sogar der größte Mystiker des späten 13. Jahrhunderts, Meister Eckart. Diesem wurde allerdings das Glück zuteil, noch rechtzeitig vor seiner kirchlichen Verurteilung zu sterben. Die neuplatonisch beeinflussten und dem Dominikanerorden angehörenden, durchaus kirchenkonformen Mystiker wie Johannes Tauler oder Heinrich Suso wurden in unseren theologischen Lehrveranstaltungen nicht einmal genannt. Nur der berühmte, mit seinen Predigten große Begeisterung für die Kreuzzüge entfachende Zisterzienser-Mystiker Bernhard von Clairvaux spielte in unseren kirchengeschichtlichen Vorlesungen eine herausragende Rolle. Dafür, dass der englische Franziskanertheologe Roger Bacon und sogar der spätere große Vordenker der kopernikanischen Wende, der Theologe, Philosoph und Kardinal Nikolaus von Kues während unseres Studiums allenfalls am Rande erwähnt wurde, mag zwar auch deren von der offiziellen Kirche wenig geachtetes mystisches Gedankengut eine Rolle gespielt haben. Der Hauptgrund dürfte jedoch eher deren frühe Ansätze zu einem eigenständigen naturwissenschaftlichen Denken gewesen sein.

Auf die von Karl dem Großen eingeleiteten und von seinen Nachfolgern fortgeführten Maßnahmen zur Ausweitung der Bildung folgte schließlich, nach der Wende zum 13. Jahrhundert, die Gründung der ersten Universitäten von Europa in Bologna, Prag, Paris, Oxford, Padua, Cambridge und Salamanca. Nun war das Wissen nicht mehr nur Sache von Theologen, sondern zahlreiche Gelehrte wanderten, als gute Voraussetzung für eine weitere Entwicklung der Wissenschaften, von einer Universität zur anderen, um zu studieren und zu lehren. Zwar galt die Theologie weiterhin als die königliche Mutter aller Wissenschaft, nur dass sich jetzt unter ihrem Dach auch Medizin, Rechtswissenschaften und die »freien Künste« wie Geometrie, Arithmetik und Astronomie, aber auch Rhetorik, Grammatik und Sprachlehre vereinten. Dabei wagten mehr und mehr weltliche Gelehrte ein für diese Epoche beachtlich freies Denken. Ein Beispiel aus dieser Zeit ist der Franziskanermönch *Roger Bacon* (1214–1294), der aus der weltlichen Oberschicht stammte und versuchte, eine empirische Wissenschaft zu gründen, nach der man nicht den Autoritäten oder alten Überlieferungen glauben, sondern die Wirklichkeit durch Experimente zu erkennen und durch eigenes Denken zu verstehen versuchen sollte.

Roger Bacon wurde »Doctor Mirabilis« genannt und war in Oxford und Paris tätig. Bacon studierte schon früh die sich besonders auf Aristoteles beziehenden Schriften arabischer Autoren des Mittelalters, und er bezog aus diesen sowie aus griechischen Schriften und aus eigenen Beobachtungen umfassende Kenntnisse der Wissenschaften. Auf deren Grundlage suchte er ein neues System der Erfahrungsphilosophie zu errichten. Sein »Opus maius« enthält ein Kapitel über Mathematik und Optik (mit den Gesetzen der Spiegelung und Lichtbrechung), über Alchimie, als deren Hauptziel er die Herstellung von lebensverlängernden Medikamenten sah, sowie über die Größe und Position von Himmelskörpern. Man schreibt ihm auch die Erfindung der Brille zu sowie die Vorhersage einer Erfindung des Mikroskops, des Teleskops, fliegender Maschinen und Dampfschiffe. Nachdem er etwa zehn Jahre lang geforscht und dabei den Hauptteil seines Familienvermögens ausgegeben hatte, trat er dem Franziskanerorden bei. Damit begab er sich unter kirchliche Aufsicht und geriet bald mit seinen Oberen in Streit. Aber noch hatte er einen einflussreichen Kardinal als Gönner, der bald drei Jahre lang als Papst Clemens IV. amtieren sollte. Etwa zehn Jahre nach dessen Tod wurde Bacon unter Hausarrest gestellt, wahrscheinlich weil er sich zu scharf gegenüber den Scholastikern geäußert hatte, da diese immer wieder versuchten, die Anleitung des Aristoteles zum logischen Denken auf die aus der Offenbarung bezogenen christlichen Glaubensinhalte anzuwenden und die christlichen Glaubensinhalte nach aristotelischer Manier logisch zu beweisen und zu durchdringen. Nachdem der über Bacon verhängte Hausarrest nach vierzehn Jahren wieder aufgehoben wurde, starb Bacon ein Jahr später. Obwohl der Titel »Doctor Mirabilis« darauf hinweist, dass er ein sehr guter Lehrer war, hatte er am Ende seines Lebens keine Schüler mehr und geriet bald in Vergessenheit. Die Zeit war offensichtlich noch nicht reif für ihn. Die Scholastik hingegen verbreitete sich weiter und hemmte als dogmatisches System die Weiterentwicklung der Naturwissenschaft.

Am Ende des 13. Jahrhunderts stagnierte vorerst die Blütezeit der naturwissenschaftlichen Forschung. »Wissenschaft« beschränkte sich meist auf fruchtlos spitzfindige, scholastische Diskussionen und ließ Versuche einer lebendigen und offenen Naturbeobachtung oder gar Naturforschung mehr oder weniger versanden. Die kirchliche Inquisition verfolgte die teilweise als sehr frühe Vorform des Protestantismus auftretende »Ketzerbewegung« der Waldenser und Albigenser aufs Schärfste. Gleichzeitig grassierten in Europa schwere Hungersnöte und Epidemien. Der sich bis ins fünfzehnte Jahrhundert hinziehende hundertjährige Krieg zwischen England und Frankreich, das Vordringen der Türken auf dem Balkan und das dreifache Papstschisma zehrten an der geistigen Kraft des kulturellen Lebens in Europa. Vollends erlahmte dieses schließlich durch den Ausbruch der Pest, die seit 1349 mehr Opfer als alle damaligen Kriege zusammen forderte. Eine wieder lebendigere und authentische Besinnung der Menschen auf sich selbst und auf ihre geistigen Fähigkeiten erfolgte erst etwa ab dem 15. Jahrhundert, dem Beginn der Renaissance.

Der bereits genannte, zweifellos bedeutendste kirchliche Wegbereiter naturwissenschaftlichen Denkens, der auch intensiv über die Beziehung zwischen Glauben und Vernunft nachdachte, war Nicolaus von Kues, genannt *Cusanus* (1401–1464), ein Rechtsgelehrter, Theologe, Philosoph, Naturforscher, Kirchenpolitiker, Bischof und Kardinal an der Schwelle zur Neuzeit. In naturwissenschaftlicher Hinsicht war er ein klarer Vorläufer des nur ein knappes Jahrhundert später wirkenden Astronomen Nicolaus Kopernikus.

Als unser Wissen über Nicolaus Cusanus – trotz Theologiestudium – noch sehr spärlich war, fuhren wir einmal an einem Sommer während der Achtzigerjahre mit dem Auto von Cortina d'Ampezzo in den Dolomiten über den Falzaregopass und von dort auf der großen, bewaldeten Dolomitenstraße wieder talwärts. Nach einigen Kehren gelangten wir an eine aus dem 11. Jahrhundert stammende Burgruine, die so auf der Kante eines großen Felsblocks am Hang errichtet war, dass der Übergang vom Felsen zur verputzten Mauer kaum erkennbar war. In dieser Burg Buchenstein (heute Castello di Andraz) hatte Nicolaus Cusanus als Bischof von Brixen in Südtirol 1457 nach einem Mordanschlag Zuflucht gesucht und sich in deren Schutz über ein Jahr lang aufgehalten.

Der im heutigen Bernkastel-Kues an der Mosel geborene,

zu den ersten deutschen Humanisten gehörende Philosoph und spätere Kardinal Nicolaus Cusanus spielte schon sehr früh in der Auseinandersetzung um die Kirchenreform eine wichtige Rolle. In dem zwischen 1431 und 1449 tagenden Konzil von Basel stand er anfangs auf der Seite der Mehrheit der Konzilsteilnehmer, die eine Beschränkung der Befugnisse des Papstes forderten. Später wechselte er jedoch ins päpstliche Lager, welches letztlich seine Ziele durchsetzte. Seitdem unterstützte Nicolaus sein Leben lang energisch die päpstlichen Interessen und stieg im Lauf der nächsten dreißig Jahre Stufe um Stufe die kirchliche Karriereleiter hoch. Zur Belohnung seiner frühen erfolgreichen päpstlichen Dienste wurde er als einziger Deutscher in seiner Zeit zum Kardinal ernannt. Im Jahr 1450 trat Cusanus das Amt des Bischofs des Fürstbistums Brixen im heutigen Südtirol an und wurde noch im selben Jahr als päpstlicher Legat mit besonderen Vollmachten zur Kirchen- und Klosterreform in Deutschland, Österreich und den Niederlanden ausgestattet. Dabei übte er seine Autorität oft so energisch und kompromisslos aus, dass er damit bei den von seinen Reformen besonders hart betroffenen weltlichen wie kirchlichen Oberen auf erbitterten Widerstand stieß. Der bald darauf erfolgende, besagte Mordanschlag gegen ihn wurde nie ganz aufgeklärt. Bald nach seinem längeren Untertauchen in der oben erwähnten Burg Buchenstein holte ihn Papst Pius II. nach Rom, wo er die letzten Lebensjahre als Kurienkardinal im Kirchenstaat verbrachte.

Alfred Gierer, der sich in seinem aufschlussreichen Buch »Die gedachte Natur. Ursprünge der modernen Wissenschaft« ausgiebig mit der Figur von Nicolaus Cusanus befasst, äußert dort mit Recht: »Es bleibt eine bemerkenswerte Diskrepanz zwischen der großzügigen philosophischen Gedankenwelt und der engherzigen Mentalität, die weite Stre-

cken seiner praktischen Tätigkeit beherrschte ... Die Rolle
eines so aufgeklärten Mannes als Ablassprediger ist besonders merkwürdig ... passt nicht zur Gesamtlinie seiner Philosophie.«[11]

Auf philosophischer Ebene erweist sich Nicolaus Cusanus
in der Tat zum Teil als sehr modern. So beschäftigt er sich
beispielsweise mit dem Vorgang des Denkens und legt dar,
wie aus der sinnlichen Erfahrung zunächst die Begriffe durch
Zusammenfassung und Vereinheitlichung in unserer Vernunft entstehen. Dadurch, dass wir unsere Aufmerksamkeit
den Wahrnehmungen zuwenden, werden unsere kognitiven
Fähigkeiten erweitert, und diese ermöglichen eine verstan-
desmäßige Durchdringung unserer Wahrnehmung und fördern damit eine genauere Wahrnehmung der Natur. »Die
Einheit der Vernunft steigt in die Unterscheidungen des Verstandes, die Einheit des Verstandes in die Unterscheidungen
des Vorstellungsvermögens, die Einheit des Vorstellungsvermögens in die Unterscheidungen der Sinne hinab.«[12] Diese
Aussage entspricht dem, was in der Pädagogik heute über
die kognitive Entwicklung beim Menschen gedacht wird.

Mit dieser Darstellung ist im Grunde auch das naturwissenschaftliche Vorgehen skizziert. Die sinnliche Erfahrung,
die Beobachtung der Natur regt zunächst zum Nachdenken
über die Natur an. Daraus ergeben sich Vorstellungen (Unterscheidungen des Vorstellungsvermögens), die zu Hypo-
thesen und zu neuer, genauerer Beobachtung der Natur
führen. Auf dieser Ebene schlägt Cusanus eine Reihe von
naturwissenschaftlichen Experimenten mit der Waage vor.
Allerdings hat er selbst, wie Gierer zeigt (S. 144), diese Experimente nie durchgeführt, sondern er pflegte die Ergebnisse
der Experimente vorauszusagen, ohne dass diese unbedingt
mit den wirklichen Ergebnissen übereinstimmen mussten.
Nicolaus Cusanus vollzieht quasi den Umbruch im Denken

bis hin zu der Naturwissenschaft, ohne die mühsamen Aktivitäten der naturwissenschaftlichen Experimente wirklich auszuführen. Aber er zeigt den Weg der Naturwissenschaft auf, in der durch genaues Messen und Wiegen unser Wissen überprüft und neue spannende Erkenntnisse gewonnen werden können. Damit sieht Cusanus auch die Mathematik als ein sehr wesentliches Instrument der Naturwissenschaften an.

Auch über die Astronomie dachte Nicolaus Cusanus intensiv nach. Er knüpfte an die Aussagen des Aristarch von Samos aus der griechischen Antike an und nahm das von Nicolaus Kopernikus hundert Jahre später dargestellte *heliozentrische Weltbild* mit der Sonne im Mittelpunkt vorweg, allerdings »nur« auf metaphysisch philosophischer und noch nicht auf der mathematischen oder gar empirischen Ebene eines Galileo Galilei. Nicolaus Cusanus war der Meinung, dass das Universum nicht als begrenzt vorstellbar sei, da es keine auffindbaren Grenzen habe. Dies heißt jedoch nicht, dass er damit eine Unendlichkeit des Universums im absoluten Sinn wie später Giordano Bruno annahm. Dennoch vertrat er die Ansicht, dass die Erde nicht im Mittelpunkt der Welt sei und dass sie sich nicht in Ruhe befinde, sondern sich bewege. Noch mehr: Er erkannte (oder ahnte vielmehr) auch richtig, dass die Erde nur annähernd von Kugelgestalt sei und dass, wie später Johannes Kepler bei seiner Entdeckung der elliptischen Planetenbahnen genau berechnen konnte, die Bahnen der Himmelskörper keine genauen Kreisbahnen seien. Er sprach auch von einer *Vielheit von Welten*, wobei er diese nicht im Sinn eines zusammenhanglosen Nebeneinanders verstand, sondern als das Ergebnis von deren Integration in das umfassende System des einen Universums. Die Welt hatte für ihn weder einen Mittelpunkt noch einen Umfang. Er verwarf die Vorstellung eines hierarchischen Aufbaus der Welt mit der Erde als Unterstem und den Fixsternen als Oberstem sowie die Annahme unbeweglicher Himmelspole. Ohne ein in sich ruhendes Bezugssystem konnte es in einer solchen Welt auch keine absolute Bewegung geben.

Cusanus denkt jedoch nicht nur pragmatisch über Methoden der Naturwissenschaft oder über Astronomie nach, sondern die Grundlage seiner Philosophie ist die Einheit des Geistigen, die sich in die Vielheit der Welt ausdifferenziert. Das Kernelement der Betrachtungsweise von Nicolaus Cusanus ist dessen Theorie von der *Coincidentia Oppositorum*, dem Zusammenfall der Gegensätze zu einer Einheit. Das heißt, dass jede geistige Anstrengung sich darauf richten soll, die *einfache Einheit* zu erreichen, in der alle Arten von Entgegengesetztem (*opposita*) zusammenfallen. Die Einheit erscheint in allen Einzeldingen und umfasst diese so wie überhaupt alles. Wie später bei unserer Erörterung der Quantenphysik deutlich werden wird, kann Cusanus mit seiner Theorie der »Coincidentia Oppositorum« als Vordenker der quantenphysikalischen Komplementarität betrachtet werden.

Auf theologischer Ebene entspricht diese Sicht der in seiner Schrift »De docta ignorantia« dargelegten, neuplatonisch und von Meister Eckart beeinflussten *negativen Theologie*, die alle positiven Aussagen über Gott als unzulänglich, ja irreführend ablehnt. Die Zuwendung zu Gott besteht nicht in einem Wissen über ihn, sondern im Wissen über das eigene Nichtwissen und damit in der über sich selbst »belehrten Unwissenheit« *(docta ignorantia)*. Allerdings bleibt Nicolaus nicht, wie Meister Eckart, bei der rein negativen Aussage darüber, was Gott *nicht* ist, stehen. Vielmehr begründet er unsere »docta ignorantia« damit, dass sich das göttliche Denken an sich der absoluten Einheit und Unendlichkeit zuwenden würde und Gott daher selbst nicht die Koinzidenz der Gegensätze sei, sondern dass das Koinzidenzdenken nur für die menschliche Vernunft der Weg sei, sich Gott zu nähern.

In dieser Grundeinheit unseres Seins lässt sich auch scheinbar Widersprüchliches, nicht zu Vereinbarendes zusammenbringen. Unser Verstand kann versuchen, diese Vielheit zu erforschen und daraus die hinter der Welt liegende Einheit des Geistigen zu erkennen. »In all diesem beabsichtige ich nur das eine: Nämlich durch ihre (der Seele) verständige Kraft und Fähigkeit den Grund aller Dinge und ihrer selbst zu sehen und zu begreifen, auf dass sie sich, wenn sie spürt, dass der Grund- und Wesenssinn aller Dinge und ihrer selbst in ihrem eigenen lebendigen Wesenssinn ist, des höchsten Gutes, dauerhaften Friedens und Wohlbefindens erfreue. Denn was sucht der sinnbestimmte Geist, der von Natur zu wissen begehrt, anderes als den Grund- und Wesenssinn von allem?«[13] Damit formuliert Cusanus im Grunde das, was uns heute noch bewegt, die Natur zu erforschen: der Wunsch, einheitliche Naturgesetze zu finden und die Grundlage unseres Seins zu erkennen.

Sosehr Nicolaus in der Praxis seiner Kirchenpolitik letztlich der zentralen Einheit seiner Kirche auf Kosten der Vielheit den Vorzug gab, so wenig entsprechen seine naturphilosophischen und astronomischen Gedanken der damaligen kirchlich theologischen Norm.

Besonders die astronomischen Vorstellungen von Nicolaus Cusanus stellten einen klaren Bruch mit dem geozentrischen Weltbild der von den Vorstellungen eines Ptolemäus und Aristoteles beherrschten und von der Kirche offiziell vertretenen Kosmologie dar. Cusanus wurde auch tatsächlich sowohl von franziskanischen Mönchen als auch von dem Heidelberger Professor Wenck der Ketzerei bezichtigt.

Aber im Gegensatz zu Bruno und Galileo später widerfuhr ihm, dem gefeierten Kardinal und Kirchenfürsten Nicolaus Cusanus, nichts.

Wir begegnen hier einem Mann an der Schwelle zwischen Mittelalter und Neuzeit. Nach seiner Auffassung von der Einheit der Kirche und deren Realisierung in der Kirchenpraxis ist und bleibt er ein Universalist mittelalterlicher Tradition. Anders in seinem naturphilosophischen System. Hier begibt er sich an den Rand des damals kirchlich Vertretbaren und entwickelt neue Vorstellungen, die nicht mehr recht in das tradierte große, einheitliche, mittelalterliche Weltbild integrierbar sind. Damit vollzieht er einen beachtlichen Schritt in die Neuzeit.

Nicolaus Cusanus ist ein gutes Beispiel für eine historische Persönlichkeit an der Grenze zwischen zwei großen kulturellen Epochen, in der den Menschen neue Lebensmöglichkeiten und neue Aspekte ihres Seins bewusst wurden. Er stand mit dem einen Fuß im Alten und dem anderen im Neuen. Die Trutzburg Buchenstein mit ihrer Kante direkt über dem Abgrund, in die er sich für ein Jahr lang hatte flüchten müssen, mag ein gutes Sinnbild dafür sein.

## Das »Buch der Natur« bzw. das »Buch des Himmels« als Erweiterung göttlicher Offenbarung

Weniger als 50 Jahre nach Nicolaus Cusanus' Tod im Jahr 1509 verfasste der Frauenburger Domherr, Jurist, Administrator und Arzt im Dienst des Fürstbistums Ermland, *Nicolaus Kopernikus*, eigentlich *Niklas Koppernigk* (1473–1543), der sich nebenberuflich der Mathematik und Astronomie widmete, seinen *Commentariolus*. In diesem legte er, auf den Werken von Nicolaus Cusanus und dem bereits 1800 Jahre vor ihm lebenden Aristarch von Samos aufbauend, die Theorie vom Umlauf der Planeten um die Sonne und von der durch die Drehung der Erde bedingten scheinbaren Bewegung der Fixsterne dar. Dieses Werk, in welchem Kopernikus eine mathematische Ausarbeitung seiner Theorie erst ankündigte, machte er vorsichtshalber nur wenigen Vertrauten zugänglich. Erst drei Jahrzehnte später, kurz vor seinem Tod, veröffentlichte er sein Papst Paul III. gewidmetes Hauptwerk *De revolutionibus orbium coelestium*, in dem er mittels eines mathematischen Rechenmodells seine neue Theorie erhärtete. Dort beschrieb er die Planetenbahnen mit einander überlagernden, gleichförmigen Kreisbewegungen um die im Zentrum sitzende Sonne.

> Die erste und oberste von allen Sphären ist die der Fixsterne, die sich selbst und alles andere enthält ... Es folgt als erster Planet Saturn, der in dreißig Jahren seinen Umlauf vollendet. Hierauf Jupiter mit seinem zwölfjährigen Umlauf. Dann Mars, der in zwei Jahren seine Bahn durchläuft. Den vierten Platz in der Reihe nimmt der jährliche Kreislauf ein, in dem, wie wir gesagt haben, die Erde mit der Mondbahn als Enzykel enthalten ist. An fünfter Stelle kreist Venus in neun Monaten. Die sechste Stelle schließlich nimmt Merkur ein, der in einem Zeitraum von achtzig Tagen seinen Umlauf vollendet. In der Mitte von allem aber hat die Sonne ihren Sitz. (Band 1, Kapitel X.)

Mit dieser Erklärung stellte Kopernikus die seit 1400 Jahren offiziell herrschende und dem geozentrischen Weltbild des Ptolemäus folgende Lehrmeinung der Kirche grundlegend in Frage. Die Kurie in Rom reagierte darauf erst einmal nicht ablehnend. Denn es schien mit dieser neuen Sichtweise eine Lösung eines mit dem Kirchenkalender verbundenen sehr dringenden Problems in Sicht zu sein, nämlich die Beseitigung aller Unklarheiten bezüglich der exakten Jahreslänge. Wegen des zunehmend abweichenden Osterdatums war schon länger eine Reform des aktuellen Kalenders gefordert worden. Jedenfalls wurde der im fernen Krakau wirkende Gelehrte Nicolaus Kopernikus zu Lebzeiten für das von ihm vertretene heliozentrische Weltbild nie der Ketzerei bezichtigt. Seine Vorstellungen von einer auf den Kopf gestellten Welt wurden allenfalls als Hirngespinst abgetan, zumal die altbewährte geozentrische Anschauung auch dem gesunden Menschenverstand besser zu entsprechen schien. Denn, so wurde gern gegen Kopernikus argumentiert, würde man bei einer sich bewegenden Erde schließlich einen Fahrtwind und beim Herabfallen von Gegenständen deren entsprechend schiefe Bahn erwarten. Und Kopernikus' Zeitgenosse Martin Luther hatte nichts Besseres zu tun, als gegen Kopernikus und gegen jeden Wissensverstand die unmenschlichen Verse in Josua 10,12–13 im Alten Testament anzuführen, wonach Gott für einen Tag die Sonne stillstehen ließ, »bis sich das Volk an seinen Feinden gerächt hatte«.

Für die Kirche weitaus virulenter und bedrohlicher wurde es, als *Galileo Galilei* (1564–1642) im papstnahen Mittelitalien mit seinem 1609 selbstkonstruierten Fernrohr als Erster den Weltraum »betrat« und damit nicht nur mit konkreten Beobachtungen die Berechnungen seines Vorgängers Kopernikus bestätigte, sondern auch laut über die theologischen Konsequenzen der kopernikanischen Wende nachdachte, sobald sich die ersten Widerstände gegen seine Entdeckungen regten.

Doch relativ kurz vor diesen Entdeckungen durch Galilei trat noch ein anderer kritischer Geist mit ebenfalls völlig neuartigen Anschauungen von Himmel und Erde nicht auf wissenschaftlicher, sondern auf rein spekulativ naturphilosophischer Ebene auf den Plan. Es war der italienische Dominikanermönch, Dichter, Philosoph und Astronom *Giordano Bruno* (1548–1600). Da sein Auftreten und vor allem sein von der Kirche verschuldetes grausames Ende nicht nur in einem zeitlichen, sondern auch psychologisch engen Zusammenhang mit dem Wirken von Galileo Galilei steht, sei hier kurz das Schicksal von Giordano Bruno angeführt.

Bruno, der als Siebzehnjähriger in Neapel dem Dominikanerorden beitrat und seinen Taufnamen Filippo gegen den Ordensnamen Jordanus/Giordano austauschte, geriet schon früh wegen seiner Verweigerung der Marienverehrung und der Entfernung aller Heiligenbilder aus seiner Klosterzelle in Konflikt mit der Ordensleitung. Da diese jedoch dieses Vergehen letztlich als verzeihliche Jugendtorheit auffasste, stand seiner Priesterweihe sieben Jahre später nichts im Wege. Wieder nur wenige Jahre später geriet Bruno in den Verdacht der Ketzerei und musste rasch Neapel verlassen. Er trat bald eigenmächtig aus seinem Mönchsorden aus und begab sich danach über 14 Jahre lang auf Wanderschaft durch halb Europa. Die zu dieser Zeit wiederentdeckten Ideen der antiken Naturphilosophie übten große Anziehung auf ihn aus. Je größere Verbreitung das heliozentrische Weltbild von Nicolaus Kopernikus fand, desto mehr fühlte sich Bruno dazu ermutigt, im Lauf der folgenden Jahre seine eigene, sich darauf beziehende Philosophie zu entwickeln, die überdies beeinflusst war vom neuplatonischen Idealismus, der Mystik und dem philosophischen System von Nicolaus Cusanus.

Von Heimweh gepackt, kehrte Bruno von Nordeuropa nach Italien zurück. Er aspirierte auf den mathematischen Lehrstuhl in Padua, der jedoch gerade von Galileo besetzt worden war. In Venedig wurde er 1592 von der kirchlichen Inquisition verhaftet und im Kerker zum Widerruf seiner Anschauungen gedrängt. Da er als ein geflohener Mönch nach der damaligen Rechtsauffassung nach Rom auszuliefern war, wurde er schließlich dorthin verbracht und in der Engelsburg gefangengesetzt. In den folgenden sieben Jahren wurde der Prozess gegen ihn vorbereitet. Seine Bereitschaft, dort wenigstens teilweise seine Anschauungen zu widerrufen, genügte der Inquisition nicht. Am schwersten wog für diese Brunos Schlussfolgerung aus seinen pantheistischen Thesen von einer unendlichen materiellen Welt, nämlich, dass diese keinen Raum für ein Jenseits ließen und dass eine zeitliche Anfangslosigkeit des Universums eine Schöpfung und dessen ewiger Bestand ein Jüngstes Gericht ausschlossen.

Am 8. Februar 1600 wurde Bruno nach dem Urteil des »Heiligen Offiziums« wegen Ketzerei und Magie aus dem Orden der Dominikaner ausgestoßen und dem weltlichen Gericht des Gouverneurs in Rom überstellt. Nach fast achtjähriger Kerkerhaft völlig gebrochen, wurde er zum Tod auf dem Scheiterhaufen verurteilt und erlitt wenige Tage später auf dem Campo dei Fiori öffentlich den Feuertod. Seine Bücher wurden auf den Index der verbotenen Bücher gesetzt, wo sie bis zu dessen Abschaffung im Zuge des Zweiten Vatikanischen Konzils 1966 blieben.

Im Jahr 2000 erklärte Papst Johannes Paul II. nach Beratung mit dem päpstlichen Kulturrat und einer theologischen Kommission die Hinrichtung Giordano Brunos für Unrecht. Eine vollständige Rehabilitierung durch die katholische Kirche fand jedoch aufgrund der Unvereinbarkeit von Brunos pantheistischer Anschauungen mit der katholischen Lehre nicht statt. Nichtsdestoweniger gingen von der Philosophie Giordano Brunos wesentliche Einflüsse auf bedeutende Philosophen wie Spinoza und Leibniz und auf Schellings Naturphilosophie sowie auf das Schrifttum von Goethe und Nietzsche aus.

Schon vor seinen spektakulären astronomischen Entdeckungen fiel *Galileo Galilei* während seiner Tätigkeit auf dem Lehrstuhl für Mathematik an der Universität Padua mit ersten wissenschaftlichen Errungenschaften auf, die ihn als den eigentlichen Begründer der klassischen Physik bereits vor Sir Isaac Newton ausweisen. Auf der Grundlage von Experimenten zu den Fallgesetzen am Turm von Pisa entwickelte er, ausgehend von den Gesetzen der natürlichen Bewegungsbeschleunigung, eine mathematische Mechanik bewegter Körper. Wenige Jahre später nutzte er die erst kürzlich von dem Holländer Hans Lipperhey entwickelte Kunst des Glasschleifens für Lupen und Brillen für die Konstruktion seines eigenen Fernrohrs, für dessen Herstellung er persönlich das Schleifen von Linsen erlernte. Das Fernrohr war von ihm ursprünglich als optische Hilfe für eine Früherkennung entfernter feindlicher Fahrzeuge und Segel auf dem Meer von einer hochgelegenen Stelle von der Stadt gedacht gewesen, und Galileo hinterließ auch mit dessen Demonstration auf dem Campanile von San Marco in Venedig beim Rat der Stadt einen so großen Eindruck, dass sein mathematischer Lehrstuhl auf Lebenszeit verlängert wurde.

Doch sehr bald begann Galilei mit seinem Fernrohr die Oberfläche des Mondes mit seinen Kratern, Bergen und Vertiefungen und den Sterncharakter der Milchstraße sowie diverse Planeten und Fixsterne genau zu beobachten. Nachdem die Menschen Jahrtausende lang die Sterne am Himmel als Wohnsitz von Gottheiten verehrt hatten und selbst in der noch rein mathematisch-theoretischen Astrologie des Kopernikus Reste dieser spirituellen Sternenkunde mitschwangen, begann jetzt ein neues Zeitalter. Der Kosmos sollte fortan ausschließlich »von außen« erfasst werden, und es galt in erster Linie nur noch das, was sich als sichtbar und messbar erwies, unabhängig davon, was sich jenseits dieser Sichtbarkeit und jenseits des Reichs der empirischen Forschung an anderweitigen Welten des Glaubens dem Menschen eröffnen mochte.

Nach seiner bald folgenden nächsten Entdeckung der vier um den Jupiter kreisenden Wandelsterne bzw. Monde bekannte sich Galilei in seiner Schrift *Sidereus nuncius* (»Sternenbote«) zum ersten Mal öffentlich zum astronomischen Weltbild von Nicolaus Kopernikus. Dies brachte ihm eine Berufung auf den wohldotierten Lehrstuhl für Mathematik in Florenz ein, auf den er von Padua hinüberwechselte und wo er mit seinem Fernrohr bald die nächste bahnbrechende und seine Anschauungen weiter bestätigende Entdeckung machte, nämlich die Lichtphasen der Venus. Dadurch bestärkt, drängte es ihn zunehmend, in Rom die Anerkennung des kopernikanischen Weltbilds durch das Lehramt der Kirche zu erreichen, und er erwirkte eine Audienz beim damaligen Papst Paul V., der ihn freundlich empfing und offenbar an seiner Entdeckung nichts zu kritisieren fand. Es kam jedoch während seines Rom-Aufenthalts zu mehreren Unterredungen mit der entscheidenden Persönlichkeit des Inquisitionsgerichtes, Kardinal Robert Bellarmin, der maßgeblich an dem Galilei zweifellos sehr wohl bekannten Prozess gegen Giordano Bruno beteiligt gewesen war.

Je weiter sich Galilei mit seinen fortlaufenden Entdeckungen am Himmel in der Öffentlichkeit vorwagte, desto energischer wurde der Widerspruch der Gelehrtenwelt. Dies galt besonders für einige eifrig auf die Wahrung traditioneller Vorstellungen bedachten Jesuiten und Dominikaner, und diese legten es immer wieder von neuem darauf an, Beweise für die Richtigkeit des aristotelisch ptolemäischen Weltbildes anzuführen.

Galilei sah sich daher im Jahr 1613 dazu veranlasst, seinem Schüler und Freund, dem Benediktiner Benedetto Castelli, einen Brief zu schreiben, in dem er sich gegen die Auffassung wandte, die Heilige Schrift der Bibel sei, zusätzlich zu ihrer heilsgeschichtlichen Bedeutung, auch ein astronomisches Lehrbuch oder gar eine naturwissenschaftliche Beurteilungsinstanz.

> »Ich bin geneigt zu glauben, die Autorität der Hl. Schrift habe den Zweck, die Menschen von jenen Wahrheiten zu überzeugen, welche für ihr Seelenheil notwendig sind und die ... durch keine Wissenschaft noch irgend ein anderes Mittel als eben durch Offenbarung des Hl. Geistes sich Glaubwürdigkeit verschaffen können. Dass aber dieser selbe Gott, der uns mit Sinnen, Verstand und Urteilsvermögen ausgestattet hat, uns deren Anwendung nicht erlauben und uns auf einem anderen Wege jene Kenntnisse beibringen will, d a s bin ich, scheint mir, nicht verpflichtet zu glauben.«[14]

Darüber hinaus betonte er, dass Bibel und Naturwissenschaft sich nie widersprechen können, weil es nur *eine* Wahrheit gäbe. »Weil zwei Wahrheiten sich offenbar niemals widersprechen können, so ist es die Aufgabe der weisen Ausleger der Hl. Schrift, sich zu bemühen, den wahren Sinn der Aussprüche, Letzterer in Übereinstimmung mit jenen notwendigen Schlüssen herauszufinden, welche sich vermöge des Augenscheines oder sicherer Beweise als gewiss ergeben.«

Als gehorsamer Diener seiner Kirche bekannte sich Galilei zu einer Frömmigkeit auch jenseits aller Kirchlichkeit, die ihm sagte, dass die Natur als Schöpfung Gottes gleichfalls *Offenbarung* sei. So wie es Aufgabe der Theologie sei, die in den heiligen Schriften verborgene Offenbarung der Gottheit zu entziffern, zu lesen und zu verstehen, so fühlte er als Naturforscher die Verpflichtung, im *offenen Buche des Himmels* als göttlichem Geheimnis lesen zu lernen, um noch tiefer in die *eine* erhabene Wahrheit unseres Daseins vorzudringen. Diese Gedanken legte er, noch sehr viel ausführlicher zwei Jahre später in einem besonders leidenschaftlich gehaltenen Brief an die einflussreiche Großherzogin-Mutter von Toskana, Christine von Lothringen nieder.

»Die ganze Wissenschaft verbieten – was anders wäre das, als hundert Stellen der Heiligen Schriften zuwiderhandeln, die uns lehren, wie der Ruhm und die Ehre des Höchsten wunderbar in allen seinen Werken erkannt wird und in göttlicher Weise in dem offenen Buche des Himmels zu lesen ist? … Und glaube doch niemand, dass die höchsten Gedanken, die auf den Blättern dieses Buches eingetragen stehen, zu Ende gelesen sind, wenn man nur den Glanz der Sonne und der Sterne und ihren Auf- und Untergang betrachtet; nein, sie enthalten Geheimnisse so tief und Gedanken so erhaben, dass die durchwachten Nächte, die Arbeiten und Studien von Hunderten der feinsinnigsten Geister in Tausenden von Jahren ununterbrochener Forschung noch nicht ausgereicht haben, in sie einzudringen.«

Sind in diesem Briefausschnitt gewisse erstaunliche Anklänge an den Sonnengesang von Franz von Assisi herauszuhören, so kommen diese Parallelen voll zur Geltung in Galileis etwa gleichzeitig verfasstem Schreiben an seinen Freund Monsignor Piero Dini. Dort nimmt er ausdrücklich Bezug auf den 19. Psalm, wo es von der Sonne heißt: »Sie freut sich wie ein Held, den Weg zu laufen.« In Galileis »Sonnenhymnus« ist die Sonne auch ein *Zentrum für den Geist*, der vor der Erschaffung der Sonne nach der Genesis »mit seiner erwärmenden und befruchtenden Kraft über den Wassern schwebte.« Am Schluss des Briefes an Dini heißt es:

»... Wir wissen, dass die Absicht dieses Psalmes ist, das
göttliche Gesetz zu loben und dass der Psalmist es deshalb
mit dem Himmelskörper vergleicht, der schöner, nützlicher
und mächtiger ist als alle anderen Dinge der Körperwelt;
nachdem er also das Lob der Sonne gesungen hat, von der
ihm wohlbekannt ist, dass sie alle Körper der Welt um sich
herum in ihren Bahnen bewegt, geht er zu den größeren
Vorzügen des göttlichen Gesetzes über. ›Das Gesetz des
Herrn‹, sagt er (nach dem lateinischen Text) ›ist ohne Flecken, wendet die Seelen‹ – als wollte er sagen: ›das Gesetz
ist um so viel vortrefflicher als die Sonne selbst, als flecken-
los sein und die Kraft besitzen, die Seelen zu lenken, höher
steht, als mit Flecken bedeckt zu sein, wie es die Sonne ist,
und die körperlichen Kugeln der Weltkörper um sich herum
führen.«

Doch die Dinge nehmen nun weiter ihren unheilvollen Lauf.
Die Inquisition in Rom begutachtet Galileis Schriften. Von
den Kanzeln seiner Gegner hagelt es zunehmend polemische
Angriffe und Feindseligkeiten auf die Person und das Schrifttum von Galileo Galilei. Bald kommt es, ohne Galileis Wissen, sogar zu Gerichtsverhandlungen. Galilei reist erneut
nach Rom, wo ihm angesichts des gegen ihn gesponnenen
Intrigenspiels seitens der mit der Inquisitionsbehörde eng
verbundenen Dominikaner und Jesuiten bald die Illusion genommen wird, die kirchliche Obrigkeit von der Richtigkeit
seiner Erkenntnisse überzeugen zu können. Anfang 1616
kommt es zur offiziellen Verurteilung des Kopernikanismus
durch das »Heilige Offizium«. Daraufhin befiehlt der Papst
Kardinal Bellarmin, Galilei zu sich zu rufen und ihn zu er-
mahnen, von seinen kopernikanischen Irrmeinungen endgültig abzulassen. Im selben Zug wird das 1573 noch ohne
großes Aufsehen erschienene Werk von Nicolaus Kopernikus *De revolutionibus orbium coelestium*, 73 Jahre nach sei-

nem Erscheinen, auf den Index der verbotenen Bücher gesetzt, von wo es erst 1835 (!) wieder gestrichen werden wird.

Auch wenn Galilei als gläubiger Katholik der Kirchenleitung grundsätzlich das Recht einräumt, über wahr und unwahr zu entscheiden, so bleibt er im Lauf der nächsten Jahre und Jahrzehnte dabei, gegen alle Ermahnungen und Verbote seine wissenschaftlichen Überzeugungen in Wort und Tat weiter zu vertreten und die kopernikanische Anschauung unerschütterlich zu verteidigen.

1632 wird Galileo das Erscheinen seines *Dialogo di Galileo Galilei Dove si discorre sopra i due Massimi Sistemi De Mondo Tolemaico E Copernicano* (Dialog über die beiden Weltsysteme) vollends zum Verhängnis. Das Werk nennt sich »Dialog«, weil es sich um ein über vier Tage lang geführtes Streitgespräch zwischen den drei Männern Salviati, Sagredo und Simplicio handelt. Der erste, Salviati, ist die überlegene, alle Argumente gegen die Erdbewegung entkräftende Hauptperson, in der Regel die Stimme von Galilei selbst. Der zweite, Sagredo, trägt mit seinen präzisen und klaren Fragen zum Gelingen des Gesprächs bei, und der dritte schließlich, der Dummkopf Simplicius, fährt als das Sprachrohr der Ptolemäiker vor allem mit den bekannten, törichten Argumenten von Galileis Gegnern auf, einmal sogar mit einem wörtlichen, sich gegen Galileo richtenden Zitat von Papst Urban VIII.

Bis Galilei die Druckerlaubnis bekommt, durchschauen die entscheidungskompetenten Kirchenoberen anscheinend nicht die in diesem schöngeistig verpackten Pamphlet steckende Verhöhnung von Galileis Gegnern einschließlich der Person des Pontifex Maximus. Doch der jähe Stimmungsumschwung gegen den Verfasser des »Dialogo« lässt nicht lange auf sich warten. Ein halbes Jahr nach der Drucklegung wird auf Weisung des schwer verärgerten Papstes Urban VIII.

der weitere Verkauf des Buchs untersagt. Galilei wird ein Vergehen gegen das Dekret von 1616 vorgeworfen, wonach ihm untersagt worden war, seine der Schriftauslegung der Kirche zuwiderstehende Lehre weiter zu verbreiten. Dann wird er nach Rom vor das Inquisitionstribunal zitiert, wo er nach einigen Widerständen hinreist und dann gleich festgesetzt und unter der Androhung von Folter mehrere Monate lang verhört wird. Galileis letztes Verhör vor allen Kardinälen und Beamten der Inquisition findet im selben düsteren Saal (heute die Sakristei) des Dominikanerklosters Santa Maria sopra Minerva statt, in dem 33 Jahre zuvor Giordano Bruno genau auf demselben Quadratmeter gestanden hatte, bevor er zu seiner Hinrichtungsstätte geführt worden war. Galilei wird zum Widerruf seiner Häresie aufgefordert. Eingedenk des Schicksals seines Vorgängers Bruno beschließt er zu widerrufen und verliest, im Büßerhemd vor allen prächtig gewandeten Richtern, Kardinälen und Inquisitoren kniend, eine vorgefertigte Abschwörungsformel. Danach erhält er die Erlaubnis, das Inquisitionsgebäude zu verlassen und wieder in die Toskana zurückzukehren, wo er zu lebenslangem Hausarrest verurteilt wird. Auf diese Weise kann Galilei noch knappe zehn Jahre bis zu seinem Tod seine Schriften in verschiedenen Übersetzungen nach Nordeuropa schleusen und seine Entdeckungen von der Kirche ungehindert verbreiten.

Erst Ende Oktober 1992 erfolgte, nach langjährigen Beratungen einer päpstlichen Kommission im prunkvollen Audienzsaal des apostolischen Palastes im Vatikan, eine offizielle Erklärung durch Papst Johannes Paul II. Ohne auch nur ein Wort des Bedauerns über das Galilei zu Lebzeiten Angetane und ohne jede Selbstkritik ließ der Pontifex Maximus verlauten, dass nach dem »tragischen gegenseitigen Missverstehen« (?!) zwischen Wissenschaft und katholischem Glauben jetzt die Lehren des Galileo Galilei gültig bleiben und in Zukunft noch an Gewicht gewinnen könnten. Tags darauf veröffentlichte die Vatikanzeitung »l'Osservatore Romano« diese Deklaration mit der Überschrift: »Der Fall Galilei ist bereinigt«, und die »Los Angeles Times« titelte am selben Tag. »Es ist amtlich! Die Erde kreist um die Sonne. Selbst für den Vatikan.« 2009 schließlich rang sich der Vatikan dazu durch, in seinen eigenen Gärten eine lebensgroße Marmorstatue Galileis aufzustellen.

Galileis Erweiterung des von der Kirche tradierten Offenbarungsbegriffs lag während der zwei Jahrzehnte der Grundsteinlegung der modernen Naturwissenschaft zwischen 1600 und 1620 gewissermaßen in der Luft. Denn Galileis Zeitgenosse, der in Prag lehrende deutschstämmige Kollege *Johannes Kepler* (1571–1630), auch ein früher Anhänger des kopernikanischen Weltbildes, hatte sich ebenfalls ein Teleskop gebaut, die Planetenbahnen genau beobachtet und, etwa gleichzeitig mit Galileis großen wissenschaftlichen Leistungen, die drei Gesetze der durch ihn bewiesenen elliptischen Planetenbewegung entdeckt. Und er hatte dabei, ganz ähnlich wie Galileo, die von ihm ebenfalls mit seinem Teleskop beobachteten Gestirne am Himmel als das *Buch der Natur* bezeichnet.

»Da wir Astronomen im Hinblick auf das Buch der Natur die Priester des höchsten Gottes sind, sollten wir nicht auf den Ruhm unseres Geistes, sondern auf den Ruhm Gottes bedacht sein.«[15]

»In der Theologie gilt das Gewicht der Autoritäten, in der Philosophie aber das der Vernunftgründe.«[16]

Aber Kepler war Protestant, so dass die Inquisition der katholischen Kirche keinen Zugriff auf ihn hatte.

Dabei hatte Kepler allerdings nicht ganz so klar wie Galilei die Gleichwertigkeit des Buchs der Offenbarung und des Buchs der Natur betont, so dass manche in ihm schon ansatzweise einen Vorläufer einer dann vor allem ab der zweiten Hälfte des 17. Jahrhunderts einsetzenden, immer schärferen Trennung des Verhältnisses von Natur und Geist sehen, während Galileo mit seiner Betonung der Gleichwertigkeit des Buchs der Offenbarung und des offenen Buchs des Himmels als *zwei Aspekte ein und derselben Wahrheit* noch entschiedener an der Einheit der Welt festgehalten hatte.

Nach dieser Phase gravierender Naturwissenschaftsfeindlichkeit der christlichen Kirche folgte mit der Epoche der Neuzeit eine völlig veränderte Situation. Den Menschen war bewusst geworden, wie man Wissen erwirbt, und sie ließen sich von den durch die Reformation gespaltenen christlichen Kirchen auch nicht mehr davon abhalten, zu forschen und in freier Weise über die Realität nachzudenken. Aber Galileo Galilei und Johannes Kepler erwiesen sich als die ersten und für lange Zeit einzigen Gelehrten, die mit ihrer revolutionären Erweiterung des klassisch kirchlichen Offenbarungsbegriffs vom biblischen Buch der Offenbarung auch auf das *offene Buch des Himmels* beziehungsweise *Buch der Natur* zur Erfassung des obersten göttlichen Geheimnisses und zum Ruhm und zur Ehre des Höchsten einen Weg fanden, experimentell empirische Naturwissenschaft und religiösen Glauben miteinander in Einklang zu bringen. Oder man muss leider sagen: Es wäre ihnen damals schon voll und ganz gelungen, hätte die sich ohnehin schon seit hundert Jahren gegen den nordeuropäischen Protestantismus in der Defensive befindende katholische Kirche diesen vielversprechenden Weg nicht durch ihr engstirniges und gewalttätiges

Vorgehen gegen Galilei verbaut. Damit, dass sie den von Galilei neu gelegten Keim in hochmütiger Verblendung brutal niedergetreten hatte und dieser von seinem Hausarrest aus heimlich und auf eigene Faust für eine Verbreitung seiner wissenschaftlichen Entdeckungen sorgen musste, hatte sich deren Durchsetzung in Europa empfindlich verzögert.

Durch diese Angst vor einer zu sehr von biblischen »Wahrheiten« abweichenden naturwissenschaftlichen Forschung ebnete die Kirche den Weg zu einer Trennung von Geist und Materie. Geradezu prägnant wurde dies von dem französischen Philosophen, Mathematiker und Naturwissenschaftler *René Descartes* (1596–1650) vertreten. Er arbeitete zunächst an Gottesbeweisen, verwarf dies bald und begann dann eine allgemeine Abhandlung über die Welt, die als umfassendes naturwissenschaftliches Werk angelegt war. Als er aber 1632 erfuhr, dass Galilei von der Inquisition zum Widerruf seiner Lehren über das heliozentrische Weltbild gezwungen worden war, gab er auch das auf und entwickelte seine Philosophie des totalen Zweifelns an allem, was nicht durch schrittweise Analyse und logische Reflexion plausibel gemacht werden kann. Sein berühmter Ausspruch »Cogito, ergo sum.« – »Ich denke, also bin ich«, zeigt, wie grundlegend sein Zweifel an allem gemeint war. Er war überzeugt, dass der Mensch aus zwei Substanzen besteht, der res extensa, der Materie, die räumliche Ausdehnung hat, und der res cogitans, dem denkenden Geist, zu dem auch die Seele gehört. Und nach seiner Überzeugung konnte die Seele auf den Körper einwirken so wie auch der Körper auf die Seele.

Er war zwar überzeugt von der Existenz eines Gottes und »bewies« die Unsterblichkeit der menschlichen Seele, lehnte jedoch die Religion, egal welcher Konfession, völlig ab. Mit diesen radikalen Lehren wagte er wichtige Werke nur noch anonym zu veröffentlichen. Er zog öfters um, hielt seine

Adresse geheim und korrespondierte mit anderen Gelehrten nur auf dem Umweg über einen Freund, der als Einziger seine Adresse kannte.

Das waren die Konsequenzen aus dem schon Jahrhunderte währenden zerstörerischen Kreuzzug einer sich angstvoll an antiquierte Wahrheits- und Machtansprüche klammernden Kirche gegen die Vernunft der empirischen Naturwissenschaft.

Nun ging diese Naturwissenschaft ihren völlig eigenen Weg, ohne die auf ihrem ewig gestrigen Weltbild sitzengebliebenen und in ihrer gefährlichen Macht zunehmend geschwächten Religionshüter weiter zu beachten.

So teilte sich die einst von Galileo propagierte *eine* Wahrheit über unsere ganzheitliche, materielle *und* geistige Wirklichkeit in *zwei* voneinander getrennte Wahrheiten oder Welten auf: die der Naturwissenschaft und die der Geisteswissenschaft.

Mit ihrer endlich errungenen Freiheit fühlten sich die Naturwissenschaftler jetzt zu Höchstleistungen beflügelt. Sie machten es sich im Lauf der nächsten Jahrhunderte zu ihrer Aufgabe, die Wirklichkeit unserer Welt mit ausschließlich naturwissenschaftlichen Methoden zu erforschen. Und je stärker das Wissen über diese unsere Wirklichkeit anwuchs, desto mehr fächerte sich alles unter die Naturwissenschaft Subsumierte in verschiedene und doch eng miteinander zusammenhängende Fachdisziplinen aus: etwa die Chemie aus der einen großen Physik, Biologie und Anthropologie aus der Medizin und Zoologie und Botanik wiederum aus der Biologie. Allen naturwissenschaftlichen Fächern blieb jedoch gemeinsam, dass sie unsere Wirklichkeit immer als ein lückenlos in sich geschlossenes System von Kausalketten zu erkennen und zu verstehen glaubten. Die zu diesem System nicht mehr passenden Fragen des menschlichen Seelenheils verbannten die jetzt von keiner religiösen Instanz mehr kontrollierbaren Naturwissenschaftler dementsprechend weit weg auf eine ganz andere Ebene der Transzendenz, und sie überließen dieses Terrain gern den Philosophen. Das hatte zur Folge, dass angesichts des ständig anwachsenden naturwissenschaftlichen Wissens diese Art von Fragen immer mehr Menschen als immer weniger relevant erschienen. Es sei denn, dass sie, wie einige der noch zu nennenden großen Wissenschaftler der Neuzeit, eine Art doppelte Buchführung mit zwei sorgsam voneinander getrennten Welten, der Materie auf der einen und dem Geist auf der anderen Seite, betrieben.

Erst die Quantenphysik des frühen zwanzigsten Jahrhundert sollte, ziemlich genau dreihundert Jahre nach Galilei, einen ersten umfassenden, neuartigen Ansatz zu einem »Mauerfall« und zu einer »Wiedervereinigung« zwischen Leib und Seele bzw. Materie und Geist entwickeln und diesen Ansatz durch die Jahrzehnte hindurch bis heute immer weiter ausbauen.

## Materialismus und Determinismus in der klassischen Physik. Die Cartesische Trennung von Materie und Geist

Die Folgen dieser Trennung von Materie und Geist in der neuzeitlichen Naturwissenschaft seit dem 17. Jahrhundert waren überaus zweischneidig.

Schon in der Antike hatten Naturbeobachtung und Naturwissenschaft nicht nur zu bedeutsamen Entdeckungen im Bereich der Astronomie, Optik und Mechanik geführt. Sie waren, wie besonders in Ägypten, China und Griechenland, auch mit ersten Erfindungen und technischen Errungenschaften verbunden gewesen. Nach dem weitgehenden Dornröschenschlaf im kulturellen Bereich während der Völkerwanderung erwachte ab dem Frühmittelalter im christlichen Nordeuropa das Interesse an zumindest vorwissenschaftlicher Naturbeobachtung zu neuem Leben und kam dann im Lauf der Jahrhunderte, über alle kirchlichen Behinderungen hinweg, immer stärker zum Tragen.

Roger Bacon, der schon im 13. Jahrhundert seine beachtlichen wissenschaftlichen Kenntnisse dazu nutzte, wie erwähnt die Lesebrille zu erfinden und Pläne für Mikroskope und Teleskope zu entwerfen, ist ein Beispiel für diese Verbindung von Naturwissen und Innovationen in der Praxis. Naturwissenschaft und Technik gingen allerdings erst mit der durch Galileo Galilei begonnenen, neuzeitlichen empirischen Wissenschaft eine enge und dauerhafte Verbindung ein. Die Menschen begannen, die schon seit dem Altertum in Ansätzen bekannte Elektrizität zu untersuchen und mit ihr zu experimentieren, um ihre Wirkungen zu erforschen und diese schließlich zu bezähmen, zu nutzen und all die segensreichen, uns heute selbstverständlichen Geräte zu erfinden, die unseren Alltag erleichtern. Es wurden das Wasser und sein Verdampfen untersucht und daraus immer komplizierertere und effektivere Dampfmaschinen entwickelt, eine weitere Grundlage unserer heutigen industriellen Gesellschaft. Und die Alchemie wurde durch die neu entwickelte experimentelle Naturforschung in unsere heutige Chemie und Pharmakologie überführt.

Der für dieses vorteilhafte Bündnis zwischen Naturwissenschaft und Technik gezahlte Preis bestand allerdings darin, dass es ebenfalls ab dem Ende des 17. Jahrhunderts zu einer immer stärkeren Aufspaltung zwischen Natur- und Geisteswissenschaften und damit zu einer Trennung von empirischer Naturwissenschaft und Sinn- und Werteorientierung kam, gelegentlich sogar in der Seele desselben Natur- und Wahrheitsforschers.

Ein Beispiel dafür ist der erste eigentliche Physiker der Neuzeit, der Engländer *Sir Isaac Newton* (1642–1726), der auch Theologe und Philosoph war. Er betrachtete, fast im Sinne von Descartes, Naturwissenschaft, Naturphilosophie und Mathematik auf der einen und Religiosität auf der anderen Seite als weitgehend zwei voneinander getrennte Welten. Newton nutzte einerseits die Mathematik, um Phänomene in der Natur genau zu untersuchen und zu berechnen. Er nahm die schiefe Ebene zur Hilfe, um durch die Verlangsamung der Fallbewegung die Gravitation zu erforschen, und legte mit seinen Berechnungen den Grundstein für die *klassische Mechanik*. Damit bestätigte er auch überzeugend die vorangegangenen Arbeiten von Kopernikus, Kepler und Galilei und baute sie weiter aus. In der Optik bewies er durch Experimente mit Glasprismen, dass weißes Licht zusammengesetzt ist und durch Glas in seine Farben zerlegt wird, womit die Entstehung des Regenbogens erklärt werden konnte. Mit Newtons Theorie, dass Licht aus unveränderlichen und atomähnlichen Lichtteilchen bzw. Lichtkorpuskeln bestehe (so winzig, dass sie durch Glas hindurchgingen), waren allerdings Phänomene wie die Interferenz und die Doppelbrechung des Lichts nicht erklärbar. Und so gab es einen anderen Gelehrten, Christiaan Huygens, der die Ansicht vertrat, dass Licht aus Wellen bestehe, eine Gegnerschaft, die Newton große emotionale Schwierigkeiten bereitete. Erst in der Quantenmechanik wurde dieser Widerspruch aufgehoben.

Neben all seinen naturwissenschaftlichen Forschungen beschäftigte sich Newton auch viel mit Alchemie, deren Vertreter sich unter anderem versprachen, Quecksilber und andere unedle Metalle in Gold zu verwandeln. Newton studierte Hunderte von Büchern der Rosenkreuzer, der Kabbala und der Alchemie, von Letzterer sogar das »Museum Hermeticum«, ein Standardwerk der Alchemisten. Und es bereitete

ihm großes Vergnügen, alchemistische Geheimnisse zu enträt-
seln und die esoterisch-allegorischen Zeichen der Alchemis-
tensprache zu entziffern. Während ihm allerdings an einer
öffentlichen Bekanntmachung seiner wissenschaftlichen Forschungsergebnisse immer besonders gelegen war, bemühte
er sich gleichzeitig, seine ebenfalls eifrig vorangetriebenen
alchemistischen Studien möglichst im Verborgenen zu halten. Möglicherweise empfand er die Alchemie als eine allzu
esoterische, fast religiöse Beschäftigung, oder vielleicht versuchte er sie auch in eine naturwissenschaftlich fundierte
Beschäftigung überzuführen, war aber mit seinen Erfolgen
darin selbst noch nicht zufrieden.

Für uns überraschend neu war allerdings Newtons von
seiner Mechanik und Optik weitgehend losgelöste *theologische Überzeugung*, die er, ursprünglich ein für die geistlichen
Weihen vorgesehener Schüler des Trinity College in Cambridge, aus seinen Studien der Heiligen Schrift und der Kirchenväter bezog. Nach diesen gelangte Newton zu seiner
Auffassung, dass die Lehre von der Dreifaltigkeit Gottes
falsch sei. Sie sei den Christen im 4. Jahrhundert eingeredet
worden und sei damit ein Grundstein für die über die Jahrhunderte immer weiter wuchernde »Korruption« der christlichen Grundbotschaft gewesen. Stattdessen erklärte sich
Newton zu einem fast leidenschaftlichen Anhänger der in
London von kleineren Zirkeln propagierten und in England
und in Osteuropa bis ins 16. Jahrhundert zurückreichenden
*unitarischen* Religionsgemeinschaft. Diese leugnet mit ihrer
pantheistischen Sichtweise strikt die Gottessohnschaft Jesu
und glaubt stattdessen nur an *eine* allumfassende göttliche
Person, und sie vertritt eine Haltung unbedingter religiöser
Toleranz und Friedfertigkeit. Aufgrund seiner unorthodoxen
Überzeugung erwirkte Newton einen Dispens von der mit
dem Studium am Trinity-College verbundenen Verpflich-

tung, die Priesterweihen zu empfangen. Aber sein ganzes Leben lang widmete er sich neben der Naturwissenschaft auch dem Studium der Bibel. Das heißt, er lehnte zwar die Autorität der Kirchen für sich völlig ab, aber die Gottesfrage beschäftigte ihn stark. Zunächst hatte Gott für ihn in der Naturwissenschaft nur noch die Aufgabe, die Dinge in Bewegung zu halten und dafür zu sorgen, dass die Natur die Naturgesetze auch befolgte. Das Geschehen in der Welt lief seiner Meinung nach streng deterministisch nach den Naturgesetzen ab. Trotzdem spielte der Gottesglaube in seinem privaten Leben anscheinend noch eine große Rolle. Und im höheren Alter versuchte er, diese beiden Beschäftigungsbereiche miteinander zu verbinden, indem er in der zweiten Auflage seines Werkes *Principia* Gott deutlich als den Herrscher und Lenker aller Dinge darstellt: »Er lenkt alles, aber nicht als Weltseele, sondern als Herr aller Dinge.«

Und als Newton seine Vorstellung von einem absoluten Raum und einer absoluten Zeit darlegte, argumentierte er deutlich aus seiner pantheistisch gefärbten, unitarischen Gottesvorstellung heraus. Der absolute Raum und die absolute Zeit sind unbeeinflusst feststehend und als Prädikate Gottes für den Menschen nicht sinnlich wahrnehmbar. Deshalb führt er in seinem Werk »Principia« aus: »... er (Gott) währt stets fort und ist überall gegenwärtig, er existiert stets und überall, er macht den Raum und die Dauer aus.« Und in seinem Werk »Opticks« weist er noch deutlicher auf seinen unitarischen Gott hin, »der, da an allen Orten ist, mit seinem Willen die Körper besser bewegen kann ... in seinem grenzenlosen, gleichförmigen Sensorium und dadurch die Teile des Universums zu gestalten und umzugestalten vermag wie wir durch unseren Willen die Teile unseres Körpers zu bewegen vermögen«.[17]

Diese Auffassung vom absoluten Raum und von der abso-

luten Zeit sollte über zweihundert Jahre lang die Naturwissenschaft und Philosophie beherrschen und wurde erst
durch neue, aus Albert Einsteins Relativitätstheorie und
der Heisenberg'schen Unbestimmtheitsrelation folgende Anschauungen abgelöst.

Zusätzlich zu seinen grundlegenden physikalischen Entdeckungen war Newton auch einer der Begründer der *Infinitesimalrechnung* und lieferte wichtige Beiträge zur Algebra. Mit
dieser Entdeckung stand Newton allerdings in scharfer Konkurrenz zu seinem Zeitgenossen auf dem europäischen Fest-
land, dem in Leipzig geborenen *Gottfried Wilhelm Leibniz*
(1646–1716). Denn dieser beanspruchte die Urheberschaft
des von ihm selbst als »Differentialrechnung« bezeichneten,
jedoch gleichen Verfahrens der Infinitesimalrechnung auch
für sich und focht daher mit Newton einen lebenslangen
Prioritätsstreit aus. Heute gilt es als erwiesen, dass beide
Wissenschaftler dieses mathematische Verfahren unabhängig voneinander entwickelt haben.

Lag der Schwerpunkt von Newtons Interessen und dessen
großen wissenschaftlichen Leistungen auf dem naturwissenschaftlichen und mathematischen Sektor und könnte man
seine theologischen und seine alchemistischen Aktivitäten
unter die Rubrik »Hobby« stellen, so war es bei Gottfried
Wilhelm Leibniz eher umgekehrt. Wenngleich gern als »letz-
ter Universalgelehrter« bezeichnet, war seine eigentliche
Welt die der Philosophie und seine damit zusammenhängen-
den Vorstellungen über die Grundlagen der Mathematik, die
Integral- und Wahrscheinlichkeitsrechnung und seine Theorien der Kombinatorik. Die andere Welt seiner biologischen
und geologischen Konzeptionen sowie technischen Erfindungen und Entwürfe orientierten sich zwar auch an seiner
philosophischen Grundkonzeption, spielen jedoch heute eine
vergleichsweise untergeordnete Rolle.

Leibniz beschäftigte sich stark mit der Frage nach dem Zusammenhang zwischen Geist und Materie beziehungsweise zwischen Leib und Seele, und er entwickelte dafür seine Vorstellung von den »Monaden« (»Einheit«). Diese sind einfache, nicht ausgedehnte, unteilbare Einheiten, die auch äußeren mechanischen Einwirkungen unzugänglich sind, wenn man will eine Art spirituelle Atome, mit denen Leibniz das Descartes'sche Problem der Wechselwirkung von Geist und Materie lösen zu wollen schien. Gott sicherte seiner Meinung nach beim Schaffen der Monaden deren Einheit und koordinierte Wirkung, ein Zustand, den Leibniz mit dem Begriff der »prästabilierten Harmonie« bezeichnet. Dementsprechend gehört zu den Bemühungen von Leibniz auch seine »Theodizee«, d. h. seine Versuche eines Gottesbeweises, die letztlich in dem Satz gipfeln, dass unsere Welt die »beste aller möglichen Welten« sei.

Nicht auf naturwissenschaftlicher Ebene wie Newton, sondern auf der philosophischen ist Leibniz, seiner Zeit entsprechend, auch ein Verfechter des *Determinismus*. Das heißt, Gott hat die Welt mit ihren Naturgesetzen geschaffen und kann diese Naturgesetze nicht umgehen oder außer Kraft setzen. Und da Gott allwissend ist, weiß er alles, was geschehen wird schon im Voraus. Für Leibniz sind jedoch Determinismus und Freiheit kein Widerspruch. Obwohl jede Handlung eines Menschen im Voraus vollständig festgelegt ist, so ist sie trotzdem frei (wohl im Sinne von frei empfunden), da sie für die Menschen unvorhersehbar ist.

Während also bei Galileo Galilei Gott noch völlig der allmächtige Schöpfer und Beherrscher der Welt ist, dessen Wirken sowohl in der Bibel als auch in der Beobachtung und Berechnung der Planetenbahnen erkannt und verherrlicht wird, wird nach der Descartes'schen Trennung zwischen Geist und Materie Gottes Macht und Wirkung immer mehr eingegrenzt. Bei Newton hat Gott noch die Aufgabe, gelegentliche Abweichungen der Planeten von ihren vorgeschriebenen Bahnen zu korrigieren, und bei Leibniz ist die Materie schon völlig den Naturgesetzen unterworfen und Gott kann nach der erstmaligen Erschaffung dieser Welt mit festen Naturgesetzen nicht mehr regelnd eingreifen. Er weiß nur, wie alles weiterlaufen wird. Und etwa hundert Jahre später wagt der französische Mathematiker, Physiker und Astronom *Pierre Simon Laplace* (1749–1827) noch weiterzugehen.

Das Hauptgebiet von Laplace war die Astronomie bzw. die Himmelsmechanik, ein rechnerischer Beweis für die Stabilität der Planetenbahnen und damit eine Vollendung des Werks von Isaac Newton. Laplaces fünfbändiges Buch »Traité de Mécanique Céleste«, in dem auch von der Existenz schwarzer Löcher die Rede ist, entwickelte sich zunehmend zu einer Pflichtlektüre für alle angehenden Astronomen.

Als Laplace dieses Buch dem Ersten Konsul, General Napoleon Bonaparte, vorstellte, soll dieser laut einem Zitat des französischen Astronomen Hervé Faye bemerkt haben: »Newton sprach in seinem Buch von Gott. Ich habe das Ihrige schon durchgesehen und dabei diesen Begriff kein einziges Mal gefunden.« Darauf soll Laplace erwidert haben: »Bürger und Erster Konsul. Ich habe dieser Hypothese nicht bedurft.«[18]

Laplaces zweitgrößtes Forschungsgebiet war die Wahrscheinlichkeitsrechnung, vor allem in Verbindung mit Glücksspielen und mit der Sterblichkeit und Lebenserwartung des Menschen. Mit ihrer Hilfe wollte er die These widerlegen, dass eine streng mathematische Behandlung der Wahrscheinlichkeit nicht möglich sei. In seinem wieder etwas später erschienenen und für einen breiten Leserkreis geschriebenen Werk »Essai philosophique sur des Probabilités« beschreibt er einen alles rational erfassenden *Weltgeist*, der detailliert die Gegenwart, Vergangenheit und Zukunft des Weltgeschehens kennt, die jedoch von der menschlichen Intelligenz nie erfasst werden kann. Dieser »Weltgeist« sorgt später als »Laplace'scher Dämon« vor allem bei idealistischen Philosophen für einen erbitterten Widerspruch, weil dieser Ungeist für einen radikalen, übergreifenden Determinismus steht und jeden freien Willen des Menschen ausschließt. Der *Zufall* ist für Laplace lediglich die eine oder andere Schwankung in einem Naturgeschehen, die im Experiment prinzipiell eliminierbar wäre, wenn wir nur alle Parameter eines entsprechenden experimentellen Aufbaus kennen würden. Und so verschwindet die Vorstellung eines in den Lauf der Welt eingreifenden Gottes im weiteren Verlauf des 19. Jahrhunderts ganz aus dem Bereich der Naturwissenschaften. Man ist überzeugt, dass man nur immer weiter forschen müsse, um unsere Welt irgendwann lückenlos zu verstehen. Und Gott, quasi als Lückenbüßer, in naturwissenschaftlichen Abhandlungen zu bemühen, ist nicht mehr zeitgemäß. Naturwissenschaft und Theologie sind streng getrennt.

Und natürlich wirkte sich diese naturwissenschaftliche Einstellung auch auf die Philosophie aus. Ludwig Andreas Feuerbach (1804–1872) begann äußerst heftig gegen die Religion und den Glauben der Menschen an einen persönlichen Gott zu polemisieren. Er sah in unserer Gottesvorstellung schlichtweg eine Personifizierung unserer Wünsche, wie wir sein wollten, in ein höheres, menschenähnliches Wesen. Diesem werden alle Eigenschaften zugeschrieben, die der Mensch als seine wesentlichen, ihn zum Menschen machenden Kräfte empfindet, über die der Mensch selbst aber nicht völlig Herr ist: der Wille, die Liebe und das Gefühl. Die Lehren der Religion sind also Metaphern, die uns unser Menschsein erklären und uns leiten sollen. Aber einen persönlichen Gott gibt es nicht. Seiner Meinung nach wird von Descartes und den Idealisten dem Geistigen viel zu viel Gewicht beigemessen. Das führe dazu, dass die Natur, die das eigentlich Wichtige für unser Leben ist, viel zu wenig beachtet wird. Dabei sind wir Menschen zunächst einmal der Natur unterworfen. Die Natur bestimmt die Möglichkeiten auch unseres moralischen Seins. Und die Natur in ihrer Herrlichkeit zu erkennen und zu bewundern gehört unbedingt zum Menschsein dazu. Der Geist muss immer wieder auf die Natur und die Erfahrung zurückgehen, um zu sinnvollen Ergebnissen zu kommen. – Ein Menschenbild, das heute unser Handeln in der Medizin und Psychotherapie bestimmt.

Im Gefolge von Feuerbach lehnte auch Karl Marx jede Religion vollkommen ab. Religion war für ihn Opium fürs Volk. Bei ihm hatte diese Ablehnung aber auch noch einen anderen Hintergrund. Die durch die Naturforschung möglich gewordene technische Entwicklung hatte zunächst durchaus nicht für alle Menschen eine positive Wirkung. Die neu erfundenen Maschinen mit ihrer so viel schnelleren Produktionsweise hatten eine große Zahl kleiner Handwerksbetriebe in den Bankrott getrieben. Aber diese Maschinen konnten natürlich zunächst nur von finanzkräftigen Unternehmern angeschafft werden. Und diese hatten nun eine große Auswahl an arbeitswilligen Menschen, die sie mit schlechten Löhnen und unter untragbaren Bedingungen arbeiten lassen konnten. Die Kirchen taten eigentlich nichts dagegen. Sie trösteten die verarmten Menschen mit der ewigen Seligkeit im Jenseits und lehrten Demut und Geduld. Auf diesem Hintergrund sah Marx die Geschichte als wesentlich von den ökonomischen Bedingungen bestimmt und den Klassenkampf als den eigentlichen Motor einer Weiterentwicklung der Gesellschaft. Damals schienen die Kirchen tatsächlich wie Opium zu wirken, während Marx den vehementen Kampf der Arbeiterschicht um ihr irdisches, materielles und seelisches Wohlergehen brauchte. Er hatte großen Erfolg mit seiner Lehre. Der Klassenkampf wurde institutionalisiert und trug wesentlich dazu bei, dass es heutzutage zumindest in Westeuropa der Arbeiterschicht sehr viel besser geht als vor hundertfünfzig Jahren. Aber der Preis dafür war die starke Betonung des materiellen, diesseitigen Wohlergehens, die Legitimierung des Kampfes um mehr materielle Güter und die Hochstilisierung des individuellen Konkurrenzdenkens unter Vernachlässigung der viel mächtigeren Kooperation.

Kampf und Konkurrenz als das Grundprinzip der Entwicklung unserer Welt wurde auch von *Charles Robert Darwin* (1809–1882) betont, einem weiteren, ebenfalls zu den bedeutendsten, bahnbrechenden Naturwissenschaftlern gehörenden Forscher aus dem 19. Jahrhundert. Auch seine religiösen Einstellungen geben ein interessantes, für die neuzeitliche Naturwissenschaft nicht untypisches Bild ab. Allerdings kann man bei ihm nicht, wie bei Isaac Newton, von einer Aufspaltung der Welt seiner inneren Einstellungen in eine empirisch wissenschaftliche und eine religiös spirituelle Sphäre sprechen. Darwin versuchte vielmehr während seines langen Forscherlebens immer wieder seine bahnbrechenden naturwissenschaftlichen Entdeckungen und Erkenntnisse philosophisch und theologisch zu durchdringen.

Die Mutter, die starb, als Charles acht Jahre alt war, war eine gläubige Unitarierin gewesen und sein Vater Freimaurer. Er selbst wurde anglikanisch getauft. Schon früh schärften seine unablässigen Streifzüge durch die Natur seine Beobachtungsgabe. Angeregt durch seinen älteren, in einem

Labor im elterlichen Geräteschuppen experimentierenden Bruder, beschäftigte er sich mit Chemie. Er studierte zuerst Medizin in Edinburgh, brach jedoch dieses Studium früh wieder ab, weil es ihn, mit Ausnahme der Chemievorlesungen, langweilte. Sein Vater drängte ihn daraufhin zu einem Theologiestudium mit dem Ziel eines Pfarrerberufs. Charles Darwin selbst berichtet am Anfang seiner spät verfassten Autobiographie, dass wegen seiner weiter fortgesetzten intensiven Beschäftigung mit biologischen und geologischen Fragen dieser Berufsplan jedoch bald »einfach eines natürlichen Todes« starb. Er unterzog sich jedoch im Christ's College in Cambridge einem Bachelor-of-Arts-Studium mit besonderem Schwerpunkt auf der »Naturtheologie« und brachte dieses als einziges Studium zum Abschluss. Danach erhielt er, mit Anfang zwanzig, eine Einladung, unentgeltlich als Naturforscher an einer fünf Jahre dauernden Weltreise auf der *HMS Beagle* teilzunehmen. Diese erwies sich als tiefer Einschnitt in seinem Leben, da sie der Anfang eines über Jahrzehnte besessenen Forscherlebens war, in dem religiöse und theologische Fragen allmählich in den Hintergrund traten, Darwin jedoch nie ganz losließen.

1838 entwarf Darwin bereits seine Theorie der Anpassung an den Lebensraum durch Variation und natürliche Selektion und erklärte die phylogenetische Entwicklung aller Organismen und ihre Aufspaltung in verschiedene Arten. Zwanzig Jahre lang arbeitete er an seiner Theorie und veröffentlichte schließlich sein Hauptwerk »On the Origin of Species« (»Über die Entstehung der Arten«) als streng naturwissenschaftliche Erklärung für die Diversität des Lebens. Damit war die Grundlage der modernen *Evolutionsbiologie* geschaffen.

Darwins Werke lösten schon kurz nach dem Erscheinen nicht nur beim kirchlichen Klerus, sondern auch in konservativen Kreisen der breiten Öffentlichkeit eine Flut von Re-

aktionen aus, weil sie als eine Bedrohung für kirchlich tradierte christliche Vorstellungen und für die dadurch legi-
timierte feudale Gesellschaftsordnung empfunden wurden.
Denn Darwins neue Theorie, dass die Entwicklung des
Lebens durch Zufall und Selektion gesteuert wird und daher
nicht (teleologisch) zielgerichtet ist, berührte nicht nur biologische Fragestellungen, sondern hatte auch weitreichende
Implikationen für Theologie, Philosophie und Anthropologie. Dass der Mensch nicht das Ergebnis einer eigenständigen Schöpfung ist, sondern ein Evolutionsprodukt wie
Millionen anderer Arten, wurde als Widerspruch zur christlichen Lehre sowie zu vielen philosophischen Schulen aufgefasst. Sigmund Freud bezeichnete die biologische Evolu-
tionstheorie als eine der drei Kränkungen der Eigenliebe der
Menschheit (die »biologische«, die »kosmologische« bzw.
heliozentrische und die »psychologische« bzw. libidotheore-
tische Kränkung).

Hatte Darwin seine Schiffsweltreise noch als orthodoxer
Gläubiger angetreten, so schwankten seine religiösen Überzeugungen im Laufe seines Lebens, und er entwickelte sich
schließlich zu einem erklärten *Agnostiker*, weil wir das
»Mysterium vom Anfang aller Dinge nicht aufklären können«.[19] Er beschäftigte sich jedoch während seines ganzen
Forscherlebens intensiv mit religiösen, theologischen und
moralischen Fragen. Seine Notizbücher und Briefe sowie
seine spät geschriebene Autobiographie sind voll von Fragen
und Ideen zur Entstehung des Menschen, zur Stellung des
Menschen in der Natur im Verhältnis zu anderen Lebewesen
und zum Leib-Seele- bzw. Gehirn-Geist-Problem. Und auch
in seinen großen wissenschaftlichen Werken setzt er sich
immer wieder mit diesen Fragen auseinander. Dort wandte
sich Darwin einerseits, zugunsten einer rein natürlichen Erklärung des menschlichen Denkens als Ausfluss des Gehirns,

gegen jeden Leib-Seele-Dualismus. Und auch die von ihm früher vertretene »Naturtheologie« empfand er später für sich als nicht mehr relevant, insofern er im Menschen in erster Linie ein *Naturwesen* sah und davon überzeugt war, dass Gott nicht in das Naturgeschehen eingreifen würde. Trotzdem brachte Darwin vor allem in seinen späten Werken zum Ausdruck, dass er sich nie als Atheist im Sinne einer Leugnung der Existenz Gottes betrachtete. Für ihn lag (etwa in seiner Schrift »Die Abstammung des Menschen«) im Gegenteil in der Religion eine wichtige Bedeutung für den *moralischen Fortschritt* des Menschen, der seiner Meinung nach sogar den *freien Willen* einschloss.[20]

In hohem Alter gegen Ende seines entdeckungsreichen Lebens hinterließ Darwin in seiner 1876 verfassten Autobiographie »Mein Leben« schließlich ein von Herzen kommendes, wenngleich dem Inhalt nach weiterhin unsicher bleibendes religiöses Bekenntnis.

»Ein ... Grund für den Glauben an die Existenz Gottes ... scheint mir ... ins Gewicht zu fallen. Dieser Grund ergibt sich aus der extremen Schwierigkeit oder eigentlich Unmöglichkeit, sich vorzustellen, dieses gewaltige, wunderbare Universum einschließlich des Menschen mitsamt seiner Fähigkeit, weit zurück in die Vergangenheit und weit hinaus in die Zukunft zu blicken, sei nur das Ergebnis blinden Zufalls oder blinder Notwendigkeit. Wenn ich darüber nachdenke, sehe ich mich gezwungen, auf eine erste Ursache zu zählen, die einen denkenden Geist hat, gewissermaßen dem menschlichen Verstand analog; und ich sollte mich wohl einen Theisten nennen.«

Wobei Darwin, nach der Erwägung einiger Gegenargumente, zuletzt zu folgendem Schluss gelangt:

»Das Mysterium vom Anfang aller Dinge können wir nicht aufklären; und ich jedenfalls muss mich damit zufriedengeben, ein Agnostiker zu bleiben.«[21]

Diese nachdenklichen Worte zeigen, dass Darwin nicht nur fähig war, die Wirklichkeit analytisch scharf zu zergliedern, sondern dass er sich trotzdem immer wieder neu grundlegenden philosophischen und religiösen Fragen zuwandte und sich damit unerbittlich auseinandersetzte. Das macht uns wieder einmal den verblüffenden Unterschied deutlich, der manchmal zwischen bahnbrechenden Entdeckern oder Erfindern und deren sehr viel weniger bedeutenden, späteren Epigonen anzutreffen ist. Im Fall von Charles Darwin sind es die dogmatisch fundamentalistischen »Darwinisten« oder »Evolutionisten« im 20. und 21. Jahrhundert. Unter falscher Berufung auf ihren großen Lehrer pflegen sie die Evolution gern als »blinden Uhrmacher« und den Menschen als »Überlebensmaschine« zu bezeichnen (Richard Dawkins). Dementsprechend lehnen sie alle über ihre anschauliche Forschungstätigkeit hinausgehenden, abstrakt geistigen und erst recht religiösen Interpretationen unserer Wirklichkeit verächtlich als falsch oder gar störend ab, so, als wollten sie ihren naturwissenschaftlichen Positivismus zu einer neuen Religion erheben. Von dem eben zitierten englischen Zoologen Dawkins, einem sich mit geradezu fanatischem Eifer hervortuenden heutigen »Darwinisten«, stammt das in der Öffentlichkeit besonderen Anstoß erregende Buch »Der Gotteswahn«.

Wir hatten dieses an die 600 Seiten lange Pamphlet auf unserer Romreise um Ostern 2008 mitgenommen, als wir dort auf den Spuren von Giordano Bruno und Galileo Galilei die verschiedenen Leidensstätten aufsuchen wollten, durch die die beiden als Opfer der katholischen Inquisition vor 400 Jahren hindurchgegangen waren: die finsteren Ver-

liese in der Engelsburg, in der Bruno jahrelang unter Folter-
qualen geschmachtet hatte, den düsteren Raum der gericht-
lichen Demütigung von Bruno und rund 30 Jahre später
Galileo in der heutigen Sakristei des Dominikanerklosters
Santa Maria sopra Minerva und schließlich den nahegelegenen Campo di Fiori mit dem Denkmal von Bruno auf dem
Platz, wo er direkt nach dem über ihn verhängten Todesurteil
öffentlich verbrannt worden war. Wir hatten uns in einem
Zimmer eines katholischen Schwesternheims in der Nähe
des Vatikans eingemietet. An einem verregneten Nachmittag
lasen wir in unserer Unterkunft stundenlang intensiv in jenem »Gotteswahn« und diskutierten dessen Hauptthesen.
Als wir wieder einmal an einer der vielen Stellen angelangt
waren, an denen der Autor besonders ungezügelt und gehäs-
sig über jede Art von Religiosität herzog, brach plötzlich ein
fürchterliches, von einem Sturzregen begleitetes Gewitter
los, welches die Fensterscheiben des Schwesternheims erzittern ließ. Eine erste, spontane, noch aus unserer frühkind-
lichen Erziehung herrührende Anmutung war, der Himmel
hätte mit dieser elementaren Öffnung seiner Schleusen womöglich ein mahnendes Zeichen seines Grolls für unsere Beschäftigung mit einem so gottlosen Buch in der Weihestätte
eines Ordenshauses gesetzt.

Im 19. Jahrhundert beschäftigten sich viele Physiker mit
Thermodynamik und Elektrodynamik. Während die Entdeckungen der meisten Forscher für die Elektrotechnik sehr
wichtig waren, bildet darüber hinaus die von Faraday entdeckte Wechselwirkung zwischen Magnetismus und Elektrizität und die Berechnung der elektromagnetischen Wellen
durch Maxwell eine sehr wichtige Grundlage für weitere auch
biologische Forschungen.

Davon, dass der in Edinburgh geborene schottische Physiker *James Clerk Maxwell* (1831–1879) eine christliche Erzie-

hung mit Bibelstudium genoss und im selben klerikal orientierten Trinity College in Cambridge wie Isaac Newton sein naturwissenschaftliches und mathematisches Studium absolvierte, ist in seinen wissenschaftlichen Arbeiten nichts zu spüren. Er hat unter rein pragmatischem Gesichtspunkt mit seinen elektrische und magnetische Kräfte vereinenden und den Elektromagnetismus begründenden »Maxwell'schen Gleichungen« einen großen Einfluss auch auf die Physik des 20. Jahrhunderts ausgeübt und damit auch das Fundament für das spätere Radio und Fernsehen sowie für die Funktechnik geliefert. Seine Ergebnisse wurden auch für die Untersuchung von Röntgen-, Gamma- und Infrarotstrahlung genutzt. Bereits im Jahr 1861 veröffentlichte er die erste Farbphotographie als Nachweis für die Theorie der additiven Farbmischung, und er betrieb Forschungen im Zusammenhang mit dem Farbsehen und der Farbenblindheit.

## Die Relativitätstheorie als beginnende Öffnung zu einem neuen Weltbild

Eltern und Großeltern von mir (F. M.), die in den dreißiger Jahren aus Europa zuerst nach Princeton / New Jersey in den USA emigriert waren, standen dort in regem Kontakt mit *Albert Einstein* (1879–1955), der sich bald nach seiner ebenfalls frühzeitigen Auswanderung aus Deutschland endgültig in Princeton niedergelassen hatte. Wir waren natürlich neugierig, etwas über deren Eindrücke von Einsteins Persönlichkeit zu erfahren und hörten zu unserer Bewunderung, wie sie uns gegenüber geradezu emphatisch Einsteins »unglaubliche, fast ergreifende Bescheidenheit« rühmten. Auf den in der Öffentlichkeit bekannten Fotos hatte Einstein auf uns auch immer eher anspruchslos und unbefangen kindlich, vielleicht ein bisschen jenseits von Gut und Böse gewirkt. Einsteins kompromissloser Eigensinn, sein Einstehen für Gerechtigkeit und Humanität, seine innere Unabhängigkeit von vorgegebenen Ideologien und nationalistischen Prägungen und seine Bereitschaft, für seine Treue zu sich selbst auch die schwierigsten beruflichen Nachteile und Verzichte in Kauf zu nehmen, wurden für uns erst beim genaueren Verfolgen seiner Vita erkennbar.

Einsteins Lebensgeschichte und sein komplexer Charakter passte jedenfalls nicht zu dem üblichen Bild europäischer Naturforscher des 18. und 19. Jahrhunderts, deren Vertreter mit ihrem jeweils mehr oder weniger festgefügten und in sich geschlossenen Weltbild in der Tradition ihrer Vorgänger gestanden hatten. Albert Einstein dagegen brach mit fast allen Traditionen. Er ist ein besonders moderner Repräsentant der einen Paradigmenwechsel einleitenden Naturwissenschaften des zwanzigsten Jahrhunderts. Und er hat darüber hinaus auch noch mit seinen Entdeckungen den Weg zu einer noch neueren, revolutionären Sicht unserer Wirklichkeit entscheidend vorgebahnt, nämlich zu der der Quantenphysik.

Albert Einstein, der Inbegriff eines unermüdlichen Forschers und Genies und im Lauf seines Lebens auch Staatsbürger mehrerer Länder, setzte sich, über seine umwälzenden physikalischen Entdeckungen hinaus, während der politischen Katastrophen des zwanzigsten Jahrhunderts auch auf der politischen Ebene energisch für Völkerverständigung und Frieden ein und verstand sich in diesem Zusammenhang selbst als Pazifist, Sozialist und Zionist. Als Anhänger einer humanistisch geprägten, sozialistischen Gesinnung engagierte er sich während der zunehmend ins Wanken geratenden Weimarer Republik in der deutschen Liga der Menschenrechte und trat, um die drohende Herrschaft des Nationalsozialis-

mus abwenden zu helfen, für ein antifaschistisches Links-
bündnis aus SPD, KPD und Gewerkschaften ein. Allerdings
modifizierte er im amerikanischen Exil nach Hitlers Machtergreifung seine pazifistische Haltung angesichts der durch
den vor allem deutschen Faschismus aufkommenden tödlichen Gefahren für die Menschheit.

> Bis 1933 habe ich mich für die Verweigerung des Militär-
> dienstes eingesetzt. Als aber der Faschismus aufkam, er-
> kannte ich, dass dieser Standpunkt nicht aufrechtzuerhalten
> war, wenn nicht die Macht der Welt in die Hände der
> schlimmsten Feinde der Menschheit geraten soll. Gegen orga-
> nisierte Macht gibt es nur organisierte Macht; ich sehe kein
> anderes Mittel, so sehr ich es auch bedaure.[22]

Auch der Brief an Präsident Roosevelt, in dem er sich für
den Bau der Atombombe aussprach, drückt dieselbe Haltung aus.[23]

Einstein hatte während seiner Schulzeit und seines Studiums zwar immer gute Schulnoten, aber große Schwierigkeiten, sich den Erwartungen der Lehrer entsprechend zu
verhalten. Und selbst als er mit Mitte zwanzig, fern vom
Rummelplatz akademischer Konkurrenzkämpfe und sozusagen privat in aller Stille u.a. seine beiden Hauptarbeiten
zur speziellen Relativitätstheorie abschloss, war er in seiner
Fachwelt ein völlig Unbekannter und nicht einmal im Besitz
einer Lehrerstelle an einer universitären oder technischen
Hochschule.

Kurz nach seiner Geburt in Ulm war Einstein, als Spross
einer im schwäbischen Raum alteingesessenen jüdischen
Familie, mit seinen Eltern nach München gezogen. Dort
wuchs er bis zum Alter von fünfzehn auf und geriet bei seinem Schulbesuch zunehmend mit dem von Zucht und Ord-

nung geprägten Schulsystem des deutschen Kaiserreichs in einen offenen Konflikt. In seinem Trotz verließ er sein Gymnasium ohne jeden Abschluss und folgte seinen Eltern nach Mailand, wo diese kurz vorher aus beruflichen Gründen Wohnsitz bezogen hatten. Mit sechzehn schrieb er autodidaktisch seine erste wissenschaftliche Arbeit zur Untersuchung des Ätherzustands im magnetischen Feld und bewarb sich um einen Studienplatz an der eidgenössischen polytechnischen Schule in Zürich, der heutigen Eidgenössischen Technischen Hochschule (ETH). Ohne Abitur musste er sich jedoch einer Aufnahmeprüfung unterziehen, die er aufgrund mangelhafter Französischkenntnisse nicht bestand. Nachdem er bald sein Abitur in der Schweiz als »Maturitätsprüfung« nachgeholt hatte, nahm er zu Beginn des akademischen Jahres 1896 endlich sein Studium am Polytechnikum Zürich auf und verließ zur Jahrhundertwende 21-jährig die Hochschule mit einem Diplom als Fachlehrer für Mathematik und Physik. Nach einigen erfolglosen Bewerbungen an Hochschulen verdingte er sich als Hauslehrer und bekam zwei Jahre später eine Anstellung als »technischer Experte 3. Klasse« beim Schweizer Patentamt in Bern. Für eine seiner 1905 verfassten größten Arbeiten erhielt er schließlich den Doktorgrad in Physik. Seine bald darauffolgende Berufung erst als Dreißigjähriger zum Dozenten für theoretische Physik an die Universität Zürich war der endliche Startschuss für seine spät einsetzende, aber dann umso steilere akademische Karriere, die ihn bald nach Prag und an die ETH Zürich und schließlich 1914 auf Initiative von Max Planck an die Berliner Universität führte. Dort brachte er seine allgemeine Relativitätstheorie zu Ende und publizierte diese 1915. Zwei Jahre später wurde Einstein zum Direktor des Kaiser-Wilhelm-Instituts für Physik ernannt, wo er bis 1933 blieb.

Seinem weitgefächerten akademischen Weg verdankte er auch die meisten seiner verschiedenen Staatsbürgerschaften, und seine schon früh einsetzende geographische Mobilität öffnete seinen Blick dementsprechend weit über alle nationalen Grenzen hinaus. Nachdem er als entschiedener Gegner des Militarismus und der Autoritätshörigkeit im wilhelminisch deutschen Kaiserreich unmittelbar nach seiner Maturitätsprüfung in der Schweiz seine württembergische und damit deutsche Staatsbürgerschaft aufgegeben hatte, blieb er fünf Jahre staatenlos und erwarb danach die Schweizer Staatsbürgerschaft. Durch seinen Ruf 1911 als ordentlicher Professor nach Prag wurde er Österreicher und 1914 als Mitglied der Akademie der Wissenschaften und Bürger Preußens erneut Deutscher. Mit Hitlers Machtergreifung gab er seinen deutschen Pass abermals ab und erwarb 1940 als Professor in Princeton, als letztes Siegel für seine nicht nur wissenschaftliche, sondern auch globalpolitische Weitsicht, zu seinem ab 1901 geltenden Schweizer Bürgerrecht die US-Staatsbürgerschaft dazu.

In dem äußerst fruchtbaren, gern als Annus mirabilis (Wunderjahr) bezeichneten Jahr 1905, während seiner Zeit als noch nicht promovierter Angestellter im Berner Patentamt, flossen aus Einsteins Feder geradezu explosionsartig vier verschiedene, durchaus nobelpreiswürdige Publikationen. Die bekannteste, aus zwei Arbeiten zusammengesetzte, wird heute als die *spezielle Relativitätstheorie* bezeichnet. Sie beschreibt das Verhalten von Raum und Zeit aus der Sicht von Beobachtern, die sich *relativ* zueinander bewegen. Der räumliche und der zeitliche Abstand zweier Ereignisse und damit auch ihre Gleichzeitigkeit werden von auf sich relativ zueinander bewegenden Beobachtern als entsprechend unterschiedlich wahrgenommen. Gemessen am Ruhezustand erscheinen bewegte Objekte als verkürzt und bewegte Uhren als verlangsamt. Jemandem, der in einem schnellen Zug sitzt, erscheint das Zugabteil um ihn herum stabil, quasi in Ruhe zu sein, während die Landschaft vor dem Fenster an ihm vorbeiflitzt und ihm dadurch minimal verkürzt erscheint. Jemandem, der draußen in der Landschaft steht, scheint die Landschaft im Ruhezustand zu sein, während der Zug vorbeiflitzt und dadurch als minimal verkürzt erscheint.

Dieses Relativitätsprinzip gilt zwar an sich auch für die Newton'sche Mechanik. Aber vor der Entwicklung der Relativitätstheorie nahm man an, dass es einen absoluten Raum gibt, der im Ruhezustand und damit quasi die Folie ist, auf der jede Bewegung als relativ dazu erscheint. Und dieser Raum, so nahm man an, sei mit Äther gefüllt, der als Medium für die Ausbreitung der elektromagnetischen Wellen fungiere. Auch die Zeit wurde als absolute, für sich bestehende Größe angesehen. Einsteins Leistung bestand darin, dass er alles, was nicht durch Beobachtung und Messung beweisbar war, als nicht existent verwarf. Ein absoluter Raum war für ihn nicht beobachtbar, sondern es existierten nur Objekte im Raum wie beispielsweise die Fixsterne im Weltall, und auch die Existenz eines Äthers ließ sich nicht nachweisen. Es gab zu Einsteins Zeit sogar schon mehrere Argumente, die gegen die Existenz eines solchen Äthers sprachen. Deshalb verwarf Einstein dessen Existenz sowie auch das Bestehen einer absoluten Zeit. Das einzige, was gut erforscht war, war die von der Bewegung der Lichtquelle unabhängige und im Vakuum konstante Lichtgeschwindigkeit. Auf dieser Grundlage konnte Einstein zeigen, dass die Länge des Eisenbahnzuges unterschiedlich ist, je nachdem, ob man diese im Ruhezustand oder in hoher Geschwindigkeit misst. Und da die Lichtgeschwindigkeit auch die absolute und höchstmögliche Geschwindigkeit ist, konnte Einstein auch deutlich machen, dass ein sich schon fast mit Lichtgeschwindigkeit bewegender Gegenstand zu dessen Beschleunigung sehr viel mehr Energie benötigt, als wenn sich dieser Gegenstand deutlich langsamer bewegt. Daraus leitete Einstein seine berühmte Formel ab, die er einen Tag nach dem Erscheinen seiner die Relativitätstheorie begründenden Schrift »Zur Elektrodynamik bewegter Körper« in einem Nachtrag als zweiten Aspekt der Relativitätstheorie einreichte, die berühmte Formel $E = mc^2$: Energie ist gleich Masse mal Lichtgeschwindigkeit im Quadrat, woraus die Äquivalenz von Masse und Energie folgte.

Nicht nur inhaltlich weist die spezielle Relativitätstheorie über die bisherige klassische Physik hinaus, sondern zum ersten Mal auch formal mit dem für deren Darstellung charakteristischen *Verlust jeder Anschaulichkeit* als beherrschendes Prinzip aller weiteren physikalischen Darstellungen der Zukunft, insbesondere auch des Systems der Quantenphysik.

Die *allgemeine* Relativitätstheorie führt die *Gravitation* als geometrisches Phänomen auf eine *Krümmung von Raum und Zeit* zurück, unter anderem verursacht durch die beteiligten Massen bzw. Energie. Da in der allgemeinen Relativitätstheorie der Gang von Uhren nicht nur von ihrer relativen Geschwindigkeit, sondern auch von ihrem Ort im Gravitationsfeld abhängt, laufen Uhren auf großer Höhe schneller als auf Meereshöhe. Dieser Effekt ist im Gravitationsfeld der Erde sehr gering. Im GPS-Navigationssystem, welches über einen weit vom Gravitationsfeld der Erde entfernten Satelliten läuft, fällt dieser Effekt doch so weit ins Gewicht, dass über eine entsprechende Frequenzkorrektur der Funksignale Fehler bei der Positionsbestimmung vermieden werden können. Dies ist eine der praktischen Anwendungen von Einsteins Relativitätstheorie.

Die spezielle Relativitätstheorie gilt nur in so kleinen, massehaltigen Gebieten der Raumzeit, dass dort die Krümmung von Raum und Zeit bedeutungslos bleibt. Die allgemeine Relativitätstheorie kann jedoch auf das Universum als Ganzes angewandt werden und ist daher auch für den Bereich der *Kosmologie* von entscheidender Bedeutung, insbesondere was das Verständnis der Expansion des Weltalls betrifft. Mit ihr lassen sich auch, als Endstadium der Entwicklung sehr massereicher Sterne und in den Zentren von Galaxien, »Schwarze Löcher« vorhersagen, die über eine so gewaltige Gravitation verfügen, dass sie nach heutigen Beobachtungen Licht absorbieren.

Der für das Jahr 1921 vorgesehene Nobelpreis für Physik wurde Einstein nicht nur erst fast ein Jahr später verliehen, sondern als Grund dafür wurde auch nicht seine damals noch umstrittene allgemeine Relativitätstheorie angegeben, sondern »seine Verdienste um die theoretische Physik, besonders für seine Erklärung des Gesetzes des photoelektrischen Effekts« in einer seiner Abhandlungen aus dem denkwürdigen Jahr 1905. *Der photoelektrische Effekt* war eines der Schlüsselexperimente zur Begründung der *Quantenphysik*. Das Experiment als solches war mehrfach im 19. Jahrhundert durch Alexandre Edmond Becquerel, Heinrich Hertz, Wilhelm Hallwachs und Philipp Lenard erfolgreich durchgeführt worden. Jedoch entwickelte erst Albert Einstein eine damals sehr kühne *Deutung* der besagten Experimente, indem er die dazugehörige Bestrahlung mit kurzwelligem Licht als Bestrahlung durch *Lichtquanten* bezeichnete.

Isaac Newton hatte zwar schon angenommen, dass Licht aus Teilchen bzw. winzigen Korpuskeln bestehe, aber Maxwells Elektrodynamik hatte Licht als elektrodynamische Welle aufgefasst und dies experimentell eindeutig belegt. Die Grundlage für Einsteins kühne Hypothese war die

Planck'sche Strahlungshypothese von 1900, nach der das Licht aus einem Strom von Teilchen, den *Photonen*, besteht. Der damit gefundene scheinbare Widerspruch, dass Licht in bestimmten Experimenten Wellen-, in anderen aber im Sinn eines Welle-Teilchen-Dualismus Teilchenverhalten zeigt, wurde allerdings erst durch die *Quantenmechanik* aufgelöst.

Deshalb bleibt zu fragen, ob das sensationelle Novum von Einsteins Entdeckungen wirklich ein über die klassische Physik hinausgehendes *neues* Weltbild liefert oder nicht. Denn obwohl Einstein mit seiner Entdeckung der photoelektrischen Gesetze bereits an der Schwelle zur eigentlichen Quantenphysik stand, konnte er zeitlebens deren Theorie sowie die aus ihr folgende, neue auch philosophische Interpretation unserer Welt nicht mehr mit vollziehen.

Dies zeigte sich in der berühmten Diskussion zwischen Einstein und der Gruppe der Begründer der Quantenphysik, voran Niels Bohr und Werner Heisenberg, auf der Solvay-Konferenz von 1927 in Brüssel. Einstein stand insbesondere Bohrs Begriff der Komplementarität kritisch gegenüber. Er glaubte, dass die unvorhersagbaren Elemente der Quantentheorie sich nachträglich als nicht wirklich zufällig beweisen lassen würden. Diese Auffassung veranlasste ihn in einem der Streitgespräche mit seinen Kontrahenten zu der berühmten Äußerung, dass der »Alte« (Gott) nicht würfle.

Die Quantenmechanik ist sehr achtunggebietend. Aber eine innere Stimme sagt mir, dass das noch nicht der wahre Jakob ist. Die Theorie liefert viel, aber dem Geheimnis des Alten bringt sie uns kaum näher. Jedenfalls bin ich überzeugt, dass der Alte nicht würfelt.

Einstein stützte seine Überlegungen mit verschiedenen Gedankenexperimenten, unter anderem mit dem viel diskutierten Einstein-Podolsky-Rosen-Experiment und mit der Photonenwaage. Diese wiederum vermochte Bohr mit experimentellen Belegen sogar unter überaus geschickter Berufung auf Einsteins eigene allgemeine Relativitätstheorie zu entkräften.

Umso auffallender ist, dass der lebenslang ein naturwissenschaftlich lückenlos in sich geschlossenes, streng deterministisches Weltbild vertretende Einstein besonders während seines intensiven, humanistischen Kampfes gegen Faschismus und Intoleranz zur Zeit seines amerikanischen Exils immer konsequent für die *Freiheit* des Menschen eingestanden hat, die für ihn zu den »höchsten Gütern der europäischen Geistesentwicklung« zählte.[24]

Denn nur der freie Mensch schafft jene Erfindungen und geistige Werte, die uns modernen Menschen das Leben lebenswert erscheinen lassen.[25]

Diese »doppelte Buchführung« zwischen Determinismus der Natur und einer Freiheit des Menschen mag unverständlich sein, solange man außer Acht lässt, dass diese Haltung ein Grundmerkmal der von der Cartesischen Spaltung der Wirklichkeit in »res extensa« und »res cogitans«, als Materie und Geist beherrschten klassischen Physik seit Newton gewesen ist, der Einstein mehr oder weniger unreflektiert bzw. vielleicht sogar irrational erlegen ist.

Wenn derselbe Einstein seine noch ganz der Naturwissenschaft des 18. und 19. Jahrhundert entsprechende deterministische Haltung quasi theologisch unter distanziert ironisierender Berufung auf die auf Gott hinweisende Metapher »der Alte« begründet hat, der »nicht würfelt« und dessen »Geheimnis« auch die Quantentheorie nicht weiter enträt-

seln kann, so fragt man sich natürlich, von welchem Gottes-
bild Einstein dabei ausgegangen ist. Umso mehr, als derselbe Einstein, von seinem naturwissenschaftlich deterministischen Weltbild losgelöst, uneingeschränkt die Freiheit des
Menschen fordert.

Dass dementsprechend auch seine Haltung zur Religion
letztlich widersprüchlich gewesen ist, zeigt sich in einer ganzen Anzahl diesbezüglicher Äußerungen. So soll Einstein
kurz vor seinem Tod brieflich sehr allgemein geäußert haben:
»Wissenschaft ohne Religion ist lahm, Religion ohne Wissenschaft ist blind.« Aus derselben Zeit stammt eine Briefstelle,
an der er sich deutlich von der biblischen Vorstellung eines
persönlichen Gottes distanziert und sie als »kindlichen Aberglauben« bezeichnet: »Das Wort Gott ist für mich nichts als
Ausdruck und Produkt menschlicher Schwächen, die Bibel
eine Sammlung ehrwürdiger, aber doch reichlich primitiver
Legenden.« Dazu passt auch, dass Einstein bereits als Jugend-
licher aus der jüdischen Religionsgemeinschaft ausgetreten
war und dass er sich 1911 bei der Berufung zur Karls-Univer-
sität Prag als »konfessionslos« bezeichnet hat. Und wenn er
1924 wieder Mitglied der jüdischen Gemeinde in Berlin
wurde, dann geschah dies ganz offensichtlich nicht aus religiösen Gründen, sondern aus Solidarität mit dem Judentum.
So ist auch seine bleibende Verbundenheit mit den israelischen Städten Jerusalem und Tel Aviv zu verstehen. In diesem
Sinn ist Einsteins »zionistische« Einstellung ethnisch-poli-
tisch und nicht religiös zu verstehen. Andererseits bekennt er
im selben Jahr 1954 an einer dritten Briefstelle:

> Ich glaube nicht an einen persönlichen Gott und ich habe
> dies niemals geleugnet, sondern habe es deutlich ausgespro-
> chen. Falls es in mir etwas gibt, das man religiös nennen
> könnte, so ist es eine unbegrenzte Bewunderung der Struktur
> der Welt, so weit sie unsere Wissenschaft enthüllen kann.[26]

Noch prägnanter und stärker sind, über sein am Anfang dieser Schrift zitiertes Bekenntnis hinaus, andere ähnliche Äußerungen Einsteins, die trotz seiner Leugnung eines *persönlichen* Gottes geradezu an Galileo Galilei erinnern, auch wenn Einstein, anders als Galilei, sich selbst einmal als einen »tiefreligiösen Atheisten« bezeichnet hat. Bei dem folgenden, von einer deutlich kosmischen Religiosität zeugenden Zitat nimmt er ausdrücklich auf den Philosophen Baruch de Spinoza Bezug:

Jene mit einem tiefen Gefühl verbundene Überzeugung von einer überlegenen Vernunft, die sich in der erfahrbaren Welt offenbart, bildet meinen Gottesbegriff. Man kann ihn also in der üblichen Ausdrucksweise als »pantheistisch« bezeichnen.[27]

Und:

Das kosmische religiöse Gefühl ist das stärkste und nobelste Motiv der wissenschaftlichen Forschung.

Wir dürfen bei alledem nicht vergessen, dass Einstein in der Diskussion mit den erwähnten Quantenphysikern eben diesen »Geist« (den nicht würfelnden »Alten«) als Begründung und Argument für sein trotz seiner bahnbrechenden physikalischen Entdeckungen klassisch deterministisch bleibendes Weltbild angeführt hatte. Zur Erklärung der speziellen Relativitätstheorie wird zwar gern das für die Quantenphysik maßgebliche Prinzip des »Beobachters« eingeführt, wenn man sagt, dass die Veränderungen von Raum und Zeit von der relativen Bewegung zweier Beobachter zueinander abhängig sind.
Aber ganz anders als in der Quantenphysik ist in der Re-

lativitätstheorie der Beobachter immer Teil des sich bewegenden Systems. Seine Beobachtung verändert nichts. Sie sind letztlich gar keine Beobachter, sondern bleiben immer ein »mitwirkender« Teil der beschriebenen Bewegungsvorgänge, womit der Ausdruck »Beobachter« hier eher irreführend und damit als verzichtbar erscheint. Für Einstein bleibt die Gesamtheit von Raum und Zeit, genauso wie alle Systeme der neuzeitlichen Mechanik und der Gesetze der Elektrizität, des Magnetismus und der Wärme, letztlich immer ein mit einem Uhrwerk vergleichbares, in seine Teile zerlegbares und wieder beliebig zusammensetzbares System aus objektiv und bleibend in einer kausalen Wechselwirkung untereinander bestehenden Teilen. Dies gilt genauso wie für die spezielle auch für die allgemeine Relativitätstheorie wie auch für die von Einstein entdeckten photoelektrischen Gesetze. Einstein bleibt letztlich überall einem konsequent deterministischen Weltbild im klassischen Laplace'schen und Newton'schen Sinn der vergangenen Jahrhunderte verhaftet. Als Grund für diese Sichtweise führt Einstein als Metapher, ganz ähnlich wie Laplace mit seinem »Weltgeist«, einen diese Wirklichkeit ordnenden und vorbestimmenden »Geist« an.

Mit der Quantenphysik ändert sich dies nun radikal. Hier entsteht, sicher sehr viel stiller und anfangs unscheinbarer im Vergleich zu Einsteins höchst spektakulären Entdeckungen am Anfang des zwanzigsten Jahrhunderts, auf experimenteller Basis ein grundlegend neues Theoriegebäude. Dieses verändert zum einen unser Weltbild nicht nur physikalisch, sondern auch *philosophisch* tiefgreifend, und es gibt sämtlichen Bereichen und Disziplinen der Naturwissenschaft langfristig ein neues Gesicht. Dies gilt selbst für die moderne Biologie, sofern sie sich von der neo-darwinistischen Fixierung auf die nur anschaulich vordergründige, molekulare Struktur des zellulären Lebens gelöst hat und sich auch mit deren maßgeblichen quantenphysikalischen Grundlagen befasst. Dazu kommt, dass die Quantenphysik auch in ihren vielfachen praktischen Anwendungen inzwischen eine völlig neue, unser Kommunikationssystem, unser Gesundheitssystem und unsere ökonomischen Strukturen tiefgreifend verändernde Technologie begründet hat.

Ein weiterer fundamentaler Unterschied ist, dass Einstein seine Theorien überwiegend im Alleingang entwickelt hat, wie dies seit Bestehen der Physik als Naturwissenschaft durch Galilei und Newton durch die Jahrhunderte üblich gewesen war. Auch diesbezüglich ist der »Revolutionär« Einstein, wie sich besonders im wissenschaftlichen Wortgefecht zwischen ihm als Einzelkämpfer und einer ganzen Gruppe von Quantenphysikern 1927 in Brüssel gezeigt hat, ein Klassiker geblieben. Mit der Quantenphysik nimmt zum ersten Mal die für die ganze Naturwissenschaft des 20. und 21. Jahrhundert kennzeichnende Arbeit in Gruppen bzw. in Teams überhand, und der wichtigste Impuls für jede naturwissenschaftliche Weiterentwicklung geht kaum mehr von einem einzelnen Genie aus. Sie erfolgt jetzt vielmehr durch regelmäßigen Austausch der neuesten Erkenntnisse über intensive und gegenseitig erhellende Gespräche und Diskussionen unter mehreren hochkarätigen Wissenschaftlern. Ohne diese Form von Kooperation kann heute keiner der sich immer komplexer und unanschaulicher entwickelnden verschiedenen Zweige der Naturwissenschaften ernsthaft betrieben werden. Dieses kollektive Vorgehen kann allerdings, wie wir im zellbiologischen Anfangsszenarium in diesem Buch gesehen haben, heute so weit ausufern, dass Naturwissenschaft gelegentlich zu einem recht unpersönlichen, ja anonymen Geschäft wird, in dem der Einzelne unterzugehen oder von übergeordneten, manchmal fragwürdigen Interessen überrollt zu werden droht. Von dieser Gefahr war der Gruppenzusammenhalt der Physiker während der Geburtsstunde der Quantenphysik im frühen 20. Jahrhundert allerdings noch weit entfernt.

# III. Die Revolution der Quantenphysik

Herbst 1975. Wir waren zu Besuch bei unseren Eltern bzw. Schwiegereltern in München, hatten dort aber nicht nur freie Zeit, weil wir gerade für eine Zwischenprüfung im Fachbereich Psychologie an der Universität Münster/Westfalen lernen mussten. Als Grundlage für den Prüfungsstoff diente die Vorlesung in Entwicklungspsychologie und das Lehrbuch »Allgemeine Entwicklungspsychologie« von Hans Dieter Schmidt.

Eines Tages schlug Vater Heisenberg uns beiden nach dem Frühstück überraschend vor, mit ihm ein wenig spazieren zu gehen. Das war ungewöhnlich, da es mit ihm in der Regel nur gemeinsame Spaziergänge mit der ganzen Familie gab. Da Heisenberg nicht mehr ganz gesund war, reichten seine Kräfte nur für den nahegelegenen Englischen Garten. Kaum hatten wir diesen erreicht, wünschte er von uns Genaueres darüber zu erfahren, was wir für die Prüfung lernen mussten.

Die Abteilung »Allgemeine Psychologie« am Fachbereich Psychologie unserer Universität war in den frühen siebziger Jahren stark marxistisch-leninistisch ausgerichtet. Dementsprechend war uns in der Vorlesung die Entwicklung des Lebens und der verschiedenen Arten von Lebewesen auf der Grundlage des Dialektischen Materialismus und Darwins Lehre von der Entwicklung der Arten nahegebracht worden. Wir lernten dort, wie sich die Welt seit dem sogenannten

»Urknall« entwickelt hatte, und es machte Spaß, diese Gedanken nachzuvollziehen: Urknall, Ausdehnung des anfangs unvorstellbar heißen Embryo-Universums, die Ursuppe aus winzigsten, frei umherschwirrenden Teilchen, die Mikrowellen-Hintergrundstrahlung nach der Bildung erster Wasserstoff- und Helium-Atome rund 370 000 Jahre nach dem Urknall. Und dann, nach weiterer dramatisch rascher Abkühlung und weiterer rasanter Ausbreitung des Universums, die Bildung erster Sterne durch die energiereiche Komprimierung der etwas dichteren Gasbälle aufgrund der Gravitation (und der unsichtbaren und mit der Gravitation in Wechselwirkung stehenden »dunklen Materie«) und die allmähliche Entstehung von immer neuen Galaxien und Quasaren. Etwa vor fünf Milliarden Jahren erfolgte die Geburt unseres Sonnensystems, die Entstehung von erstem Leben auf unserer Erde vor drei bis vier Milliarden Jahren. Damals bildeten sich immer komplexere Moleküle als Vorformen von Leben. Schrittweise entwickelte sich daraus die eigentliche Erbsubstanz DNS, deren Synthese Möglichkeiten für ein Wechselspiel mit den Proteinen eröffnete, besonders, wenn sie in schützende Bläschen eingeschlossen waren, so dass die Verdoppelung ungestört ablaufen konnte. Solche Bläschen sammelten sich in Gruppen, die sich allmählich zu immer größeren und immer differenzierter strukturierten Zellverbänden und damit zu immer komplexeren Lebensformen entwickelten. Mit Hilfe stetig steigender Kooperation von Zellverbanden untereinander und durch ständige Anpassung an sich ändernde Umgebungsbedingungen entfaltete sich dann im Lauf von tausend Millionen von Jahren das uns heute auf der Erde bekannte Leben und verteilte sich über die ganze Erde, bis in die kleinsten Winkel.

Die visuelle Wahrnehmung von Lebewesen konnte sich, wie wir weiter aus unserem Prüfungsstoff wiedergaben, entwickeln, weil Lichtempfindlichkeit von Vorteil war, um die richtigen Umgebungsbedingungen zu erkennen. Das Glockentierchen beispielsweise, ein Einzeller, zieht bei plötzlichem Lichtwechsel seinen Stiel zusammen, so dass es näher an der Unterlage ist und weniger leicht gefressen wird. Komplexere Lebewesen entwickeln mehrere unterschiedliche Reaktionsmöglichkeiten auf Lichtreize. Heute weiß man, dass schon die winzigen Fruchtfliegen fähig sind, ihr Verhalten entsprechend den Informationen, die sie durch Lichtteilchen empfangen, zu steuern und sich für verschiedene Verhaltensweisen zu entscheiden. Und je umfangreicher die Verhaltensalternativen werden, desto wichtiger wird auch die Selbstwahrnehmung als Hilfe für die Entscheidung, welche Verhaltensalternative in diesem Moment das Überleben am besten sichert. Und so entstand zu den Sinneswahrnehmungen auch die Selbstwahrnehmung in Form von Hunger, Durst oder – beim Menschen – auch Gefühlen, die mehr sozialer Natur sind und nicht ganz so klar nur aus den körperlichen Bedingungen entspringen. Aber auch weitere ordnende Tätigkeiten, für die ein Lebewesen ein Gehirn braucht, in dem man Fakten der Umgebung speichern und eine Gesamtvorstellung davon aufbauen kann, können schon von Insekten ausgeführt werden. Denn fliegende Insekten, die immer wieder zu einem Nest zurück müssen, nehmen nicht immer denselben Weg zurück, sondern können von den unterschiedlichsten Orten ihr Nest direkt ansteuern. Das ist nur möglich, wenn sie ein kognitives Gesamtkonzept von ihrer Umgebung haben. Je größer und komplexer die Lebewesen werden, desto umfangreicher werden ihre Wahrnehmungsmöglichkeiten, ihr Verhaltensrepertoire und damit auch ihre kognitiven Möglichkeiten. Diese differenzieren sich bis zur Entstehung des Menschen aus, der dank seines aufrechten Gangs und damit der Freiheit seiner Hände noch mehr Verhaltensmöglichkeiten und schließlich die Sprache entwickelt hat, die es ihm ermöglichte, zu lernen, sich in den unterschiedlichsten Umgebungsbedingungen der Erde einzurichten.

Das Fazit dieser Vorlesung, über die wir unserem Vater/ Schwiegervater während unseres gemeinsamen Spaziergangs berichteten, lautete also: All diese Entwicklungen sind durch biologische Anpassung an die Umgebung und Selektion der am besten angepassten Wesen entstanden. Dies alles ist also allein aus der Materie und den auf der Erde gegebenen Bedingungen erklärbar.

Als wir geendet hatten, meinte Heisenberg, die Darstellung, wie das Leben sich entwickelt habe, entspräche ganz und gar dem, wie auch er es sähe. In seiner Schreibtischschublade läge immer noch ein Manuskript aus dem Jahr 1942, in dem er die Entwicklung der Welt weitgehend so beschrieben habe. Dieses Manuskript sei allerdings noch nicht veröffentlicht, weil er es in jenen dunklen Jahren nicht zu publizieren gewagt habe (es erschien dann erst posthum unter dem Titel »Ordnung der Wirklichkeit«). Aber die Schlussfolgerung aus seinen Erläuterungen, so meinte er überraschend, sei dem, was wir ihm gegenüber wiedergegeben hätten, entgegengesetzt. Die Grundlage für jede Entwicklung unserer Welt wäre nicht das Materielle, sondern eigentlich Geistiges. Denn die Materie sei ja gar nicht das, was wir als Materie erleben. Diese dürfe man sich nicht als aus kleinen Materiekügelchen zusammengesetzt vorstellen. Vielmehr bestehen die Atome als die kleinsten Teilchen der Materie aus Elementarteilchen, die eigentlich nur Energiekonzentrationen in einer größeren Struktur sind. Und wenn man in diesen subatomaren Bereich schaut, so entdeckt man, dass unsere Welt aus geistigen Strukturen von unglaublicher Schönheit besteht, so dass eigentlich Platon mit seiner Aussage, dass unsere Welt geistig sei und wir nur einen Schatten davon wahrnehmen könnten, völlig recht hatte. Und dabei strahlten seine Augen wie bei den Gelegenheiten, wenn er uns von seinem Erlebnis auf Helgoland erzählte, als er auf der Suche nach einem widerspruchsfreien mathematischen Schema für die neuesten quantenphysikalischen Erkenntnisse die Quantenmechanik entdeckt hatte.

Uns verhalf dieser Spaziergang zunächst nur zu einem etwas frechen Einstieg in unsere mündliche Prüfung. Denn wir begrüßten den Prüfer mit der Aussage: »Mit Interesse haben wir festgestellt, dass Sie das Leib-Seele-Problem gelöst haben, über das sich die größten Philosophen seit mehr als zweitausend Jahren vergeblich den Kopf zerbrochen haben.« Natürlich mussten die Prüfer dies in ihrer Bescheidenheit erst einmal weit von sich weisen, und so wurde ein großer Zeitraum unserer Prüfungszeit mit dem Reden über diese Fragen gefüllt.

In den Jahren darauf forderte jedoch der Alltag mit Beruf, Familie und allen sonstigen Verpflichtungen sein Recht, so dass diese Fragen weit in den Hintergrund traten. Erst fünfundzwanzig Jahre später überfiel uns dieses Thema wieder. Das Geistige als die Grundlage unserer Welt! Inwiefern wurde das durch die Quantentheorie deutlich? Und was bedeutete die Quantentheorie noch für unser Denken? Und wir begannen uns auch als Nicht-Physiker sukzessiv in diese Thematik einzudenken, um immer besser zu verstehen, was die Quantentheorie eigentlich für unsere Sicht der Welt bedeutet.

## Die neue Rolle des Beobachters bei der experimentellen Naturbeobachtung. Die Komplementarität von Impuls (Wellenaspekt) und Ort (Teilchenaspekt) (»Kopenhagener Deutung«)

In der Schule hatten wir gelernt, dass die Atome, die kleinsten Materie-Bausteine also, nicht unteilbar sind, wie die alten Griechen glaubten, sondern dass sie aus einem Atomkern bestehen, der aus Protonen und Neutronen zusammengesetzt ist und um den noch kleinere Teilchen kreisen, die Elektronen. Und zwischen diesen Teilchen sei nichts – so etwa, wie die Planeten um die Sonne kreisen, und dazwischen im Weltraum ist Vakuum, das Nichts. Schon das war ja nicht so leicht, sich vorzustellen. Der Tisch etwa, an dem ich sitze, sollte aus so viel Nichts zwischen den kleinsten Teilchen bestehen? Und die kleinsten Teilchen, die Elektronen, Neutronen und Protonen, stellten wir uns zunächst doch als allerwinzigste feste Partikelchen vor, etwa wie ein extrem kleines Staubkörnchen, ähnlich wie Sir Isaac Newton, dessen Licht-Korpuskeln so winzig waren, dass sie durch Glas hindurchgingen.

Inzwischen weiß man jedoch, dass es viel mehr unterschiedliche Teilchen gibt, als nur die Protonen, Neutronen und Elektronen. Und zu jedem Teilchen gibt es ein Antiteilchen mit entgegengesetzter Ladung. Und verschiedene Teilchen können sich unter bestimmten Bedingungen ineinander verwandeln. Teilchen und Antiteilchen können sich gegenseitig aufheben und dabei Energie freilassen. Das Antiteilchen zum Elektron beispielsweise ist das Positron. Wenn diese beiden zusammenstoßen, heben sie sich gegenseitig auf und entsenden dafür zwei Lichtteilchen, die Photonen. Der feste Tisch, an dem ich sitze, ja sogar das kleinste feste Holzstückchen, das ich vielleicht in der Hand halte, besteht also in der subatomaren Ebene aus ganz unmateriellen und sehr wandelbaren Strukturen, die uns nur deshalb als festes und ziemlich beständiges Holzstück begegnen, weil daran so unzählbar viele Atome beteiligt sind, die, in feste Verbindungen mit anderen Atomen eingebunden, weitgehend ihre Struktur beständig erhalten.

Ein bisschen von all dem können wir trotzdem erahnen, wenn wir um die Vorgänge wissen. Der Tisch vor mir beispielsweise tritt ja mit mir in Verbindung, indem er Lichtteilchen in mein Auge schickt, die in meinem Auge als Energie von den Nerven weitergeleitet werden, an Stellen in meinem Gehirn, die mir dann den Tisch als Umgebungsbedingung bewusst machen. Diejenigen Photonen, die der Tisch in meine Augen schickt, sind jedoch nicht Bestandteil des Tischs, sondern dieser wurde von der Sonne mit weißem, sämtliche Grundfarben enthaltendem Licht bestrahlt. Dieser Tisch sendet nur den Teil dieser Lichtquanten in mein Auge, der den Farbeindruck *braun* erzeugt, und nur diese Photonen reizen in meinem Auge die Nerven so, dass in meiner Wahrnehmung verschiedene Brauntöne entstehen und ich eine Holzmaserung erkenne. Die anderen von der Sonne in ihrem weißen Licht geschickten Photonen werden vom Tisch absorbiert und wirken auf diesen ein, indem sie ihn erwärmen und ganz langsam etwas ausbleichen. Dies wird uns bewusst, wenn wir beispielsweise ein Kästchen, welches wir vor ca. einem Jahr auf den neuen Tisch gestellt hatten, jetzt zum ersten Mal hochheben. Der Tisch erscheint an der Stelle, auf dem das Kästchen vorher gestanden hatte, eine Spur dunkler als die übrige Fläche.

Licht eignet sich für noch weitere verblüffende Erkenntnisse über unsere Wirklichkeit. So konnte Einstein mit seiner mit dem Nobelpreis prämierten Arbeit über den photoelektrischen Effekt überzeugend darstellen, dass das Licht aus kleinsten Teilchen, den Photonen oder Lichtquanten, besteht, die die Atome der Stoffe, auf die sie treffen, beeinflussen können. Fünfzig Jahre vorher hatte Maxwell die elektromagnetischen Wellen entdeckt und bewiesen, dass auch das Licht eine Form von elektromagnetischen Wellen ist. Und dieser Wellencharakter des Lichts wurde auch später immer wieder eindeutig bewiesen. Obwohl für uns ein Stein, den wir ins Wasser werfen, etwas völlig anderes ist als die kreisförmige Welle, die dadurch im Wasser entsteht, kann das Licht einerseits ein Teilchen sein, welches, entsprechend Einsteins Arbeit über den photoelektrischen Effekt, aus einem Atom ein Elektron herausschlagen kann, so wie der Stein das Wasser von der Wasseroberfläche zur Seite schlägt. Andererseits ist das Licht auch eine Welle, die sich wie die Wasserwelle in Schwingungen, in elektromagnetischen Schwingungen ausbreitet. Dies geschieht nicht etwa, weil das Licht ein Gemisch aus Teilchen und Welle wäre, sondern je nach Versuchsaufbau zeigt es sich einmal nur als Teilchen und ein andermal nur als Welle, etwa vergleichbar mit der unterschiedlichen Vorder- und Rückseite derselben Münze. Das heißt, im subatomaren Bereich ist etwas, was nach unseren Vorstellungen überhaupt nicht miteinander zu vereinbaren ist, ein und dasselbe. Die Gegensätze fallen ineinander, wie schon Cusanus es sich mit seiner »Coincidentia Oppositorum«, dem Zusammenfall aller Gegensätze zu einer einfachen, letztlich göttlichen Einheit vorgestellt hatte.

Dieses Grundprinzip gilt nicht nur für das Licht, sondern für sämtliche Elementarteilchen. Auch die Protonen und die Neutronen, die doch in unserer Schulvorstellung im Atomkern fest zusammenhielten, können als Teilchen oder als Welle erscheinen, je nachdem, wie wir den Versuch einrichten. Und selbst kleinere Moleküle können sowohl Wellen- als auch Teilcheneigenschaften zeigen. Und was sind sie eigentlich? Welle oder Teilchen? Darüber wissen wir nichts. Das entzieht sich unserer Kenntnis. Möglicherweise »sind« sie gar nichts. Sie zeigen sich uns nur je nach Versuchsanordnung in dieser oder jener Form. Wir, der Beobachter, werden damit ein Teil des Gesamten. Wir sind nicht die unbeteiligten Beobachter, die die objektive Wirklichkeit erkennen, sondern unser Denken, unsere Fragestellung und die daraus resultierende Versuchsanordnung beeinflussen das Ergebnis.

Die Erforschung des Lichts und der Elektrizität begann schon im Altertum bei den Griechen. Sie entdeckten, dass Bernstein Funken sprühen lässt, wenn man ihn an weichen Tüchern reibt. Wenn man bedenkt, wie lang der Weg bis zu diesen neuen Erkenntnissen war, wie viel Kreativität und Forschergeist über mehr als zweitausend Jahre lang aufgewendet werden musste, um zu diesen Einsichten zu kommen, so ermutigt das vielleicht, auch heute unscheinbare, flüchtige Wahrnehmungen ernstzunehmen und daran zu forschen. Möglicherweise lässt sich in ferner Zukunft unser Weltbild daran noch mehr verändern und unsere Einsicht in das Wesen der Welt noch vertiefen.

Durch den Teilchen-Welle-Dualismus der Quantenphysik wird noch in anderer Hinsicht unsere in den letzten Jahrhunderten festgefügte, naive Vorstellung von der Wirklichkeit ins Wanken gebracht. Seit Newton seine Mechanik entwickelte, haben wir gelernt, die Welt als ein eindeutiges Ursache-Wirkungs-Gefüge zu sehen. Wenn beispielsweise eine Flasche umfällt, nehmen wir dafür immer eine kausal nachvollziehbare Ursache an. Entweder ist jemand darangestoßen oder der Tisch kippelte oder die Flasche wurde schief abgestellt. Und wenn alle drei Möglichkeiten nicht zutreffen, suchen wir so lange, bis wir die Ursache finden, was in der Regel sehr schnell geschieht. Selbst nicht dieser gegenständlichen Mechanik unterworfene Phänomene wie Krankheiten sehen wir inzwischen als ein solches Ursache-Wirkungs-Gefüge. Der Kranke hatte sich bei jemandem angesteckt, weil er zu wenige Abwehrkräfte hatte, sich zu wenig bewegt oder sich falsch ernährt oder auch psychische Probleme hat. Selbst bei solchen sehr viel komplexeren Phänomenen haben wir inzwischen mit unseren Ursache-Wirkungs-Ketten ziemlich viel Erfolg.

Im subatomaren Bereich zeigt sich jedoch, dass die Ursache-Wirkungs-Bezüge in unserer Welt nicht überall eindeutig festgelegt sind. Man hatte früher gedacht, man könnte von einem Elementarteilchen den Ort, die Bewegungsrichtung und die Geschwindigkeit messen und dann berechnen, wie sich das Teilchen weiter bewegen wird, so dass wir wie der Weltgeist von Laplace die weitere Entwicklung der Welt völlig vorhersagen könnten, wenn man nur den derzeitigen Zustand jedes Elementarteilchens kennen würde. Denn jeder jetzige Zustand sei, wie man damals dachte, die Ursache für den nächsten Zustand, der sich entsprechend den Naturgesetzen daraus entwickelt. Dann läge unsere Unfähigkeit, die Zukunft genau vorherzusagen, nur daran, dass es unmöglich ist, den Jetzt-Zustand jedes Elementarteilchens zu kennen.

In Wirklichkeit aber lässt sich, wenn der Ort eines Teilchens genau bestimmt ist, dessen Impuls nicht feststellen und umgekehrt. Es ist immer einer dieser beiden Aspekte, die wir bräuchten, um die weitere Bahn zu berechnen, unbestimmt. Und diese Unbestimmtheitsrelation gilt immer. Es ist keine Versuchsanordnung denkbar, bei der sie aufgehoben wäre. Und wenn man dieses Ergebnis ernstnimmt, dann bedeutet das, dass die Elementarteilchen insgesamt nicht völlig festzulegen sind und daher unseren Vorstellungen von einem Gegenstand mit klarem Ort *und* Impuls nicht mehr entsprechen. Sie sind in ihrer Struktur oder ihrem Wesen unbestimmt, und nur unsere Messung erzwingt für einen ihrer Aspekte ein klar bestimmtes Ergebnis.

Wenn wir also den Ort eines Elementarteilchens genau bestimmt haben, können wir nicht sicher sagen, in welche Richtung dieses Teilchen sich bewegen wird. Wenn wir jedoch einen Strom von Teilchen durch einen klar definierten Ort, beispielsweise durch einen sehr schmalen Spalt schicken und in einiger Entfernung dessen zurückgelegten Weg messen, können wir erkennen, dass dieser Weg nicht völlig beliebig ist. Es gibt vielmehr eine begrenzte Zahl von Möglichkeiten, von denen einige deutlich häufiger sind als andere. Das ist auch der Grund, warum unsere Wirklichkeit nicht völlig zerfließt, sondern doch relativ stabil ist. Denn im makroskopischen Bereich besteht jeder Gegenstand aus so unzählig vielen Atomen mit noch mehr Elementarteilchen, dass diese Unbestimmtheiten der einzelnen Teilchen sich in der Masse völlig ausgleichen.

Gleichzeitig bedeutet das aber auch, dass die Zukunft prinzipiell nicht völlig festzulegen ist. Im Bereich der Gegenstände um uns herum gelten natürlich klare Regeln, die eindeutige Voraussagen und Berechnungen ermöglichen. In den Bereichen jedoch, in denen einzelne Elementarteilchen eine Rolle spielen, ist dies nicht mehr möglich. Ein Beispiel, an dem dieser Unterschied deutlich zutage tritt, kennen wir alle seit den Atomreaktor-Unfällen von Tschernobyl und Fukushima. Die radioaktive Verstrahlung hat unterschiedliche Halbwertszeiten für unterschiedliche Elemente. So beträgt die Halbwertszeit beispielsweise von Cäsium-137 30 Jahre. Das heißt, nach 30 Jahren ist die Hälfte der radioaktiven Atome zu Barium-137, einem nichtradioaktiven Element, zerfallen. Wann aber ein bestimmtes, von uns herausgepicktes Atom zerfällt und damit aufhört zu strahlen, wissen wir nicht.

Die Gegenstände, die uns umgeben, stehen, liegen oder hängen irgendwo durchaus stabil. Sie werden von der Erde angezogen, befinden sich jedoch gegenüber der Gravitationskraft in einem stabilen Gleichgewicht. Sie können daher sehr lange ruhig an einem Ort verharren, ohne sich wesentlich zu verändern. Im Gegensatz dazu zeichnet sich das Leben durch ständige Veränderung aus. Es entstand dadurch, dass RNS- und später DNS-Stränge sich verdoppeln, teilen und wieder verdoppeln und dadurch immer weiter ausbreiten konnten. Dadurch stehen Lebewesen in einem ständigen Austausch mit der Umgebung, nehmen ständig Stoffe aus der Umgebung auf, wandeln sie um und geben andere Stoffe an die Umgebung ab. Sobald dieser Stoffwechsel erlischt, ist das Leben zu Ende. Die Lebewesen befinden sich sozusagen in einem labilen Gleichgewicht, das ständig durch Aktivität erhalten werden muss, ähnlich wie wenn wir einen Stab auf dem Zeigefinger balancieren und durch ständige Bewegungen unseres Zeigefingers dafür sorgen, dass der Stab nicht aus seinem labilen Gleichgewicht gerät.

Und wenn wir heute betrachten, welche komplexen Vorgänge in jeder Zelle eines Lebewesens stattfinden, dann wird deutlich, wie viele Vorgänge nötig sind, um unser Leben zu erhalten. Eine Zelle, die so klein ist, dass man sie nur unter dem Mikroskop erkennen kann, besteht durchaus nicht nur, wie wir noch vor fünfzig Jahren in der Schule lernten, aus Zellwand, Zellkern und Eiweiß dazwischen. In der Zellwand gibt es Öffnungen in unterschiedlicher Form, die jeweils nur einzelne Moleküle bestimmter Stoffe durchlassen. An anderen Öffnungen warten Botenstoffe auf Signale von außen, die dann dazu führen, dass die Botenstoff-Moleküle sich von der Zellwand lösen und im Inneren der Zelle bestimmte notwendige Vorgänge in Gang setzen. Vom Zellkern bewegen sich ständig RNA-Moleküle als Botenstoffe zu den Ribosomen, in denen Eiweißmoleküle hergestellt werden, um auf diese Weise den Bau der jetzt gerade gebrauchten Eiweißsorten zu veranlassen. Denn inzwischen kennt man hunderttausend verschiedene Sorten von Eiweißmolekülen, von denen jedes seine besondere Funktion hat. Und wenn die Zelle sich teilt, damit das Lebewesen wachsen kann, müssen alle diese feinen Strukturen verdoppelt und an den richtigen Ort der beiden Zellen platziert werden, um das Leben fortzusetzen.

Und da alle diese komplexen Vorgänge in eine einzige mikroskopisch kleine Zelle passen, wird deutlich, dass in diesem Bereich die Quantenphysik mit ihrem Grundprinzip der Unbestimmtheit höchstwahrscheinlich eine Rolle spielt. Das heißt, bei der Aufrechterhaltung des Lebens wird die Quantenphysik mit ihren Unbestimmtheiten und ihren mehreren Möglichkeiten wichtig. Und da diese Unbestimmtheiten der Elementarteilchen natürlich auch zu fehlerhaften Verdoppelungen führen, gibt es besondere Enzyme, die die korrekte Ausführung der Verdoppelung prüfen und eventuelle Schäden reparieren.

Auch für den Bereich der Vererbung spielt die Unbestimmtheit eine Rolle. Denn nachdem sich eine Sperma- und eine Eizelle vereinigt haben, teilen sich die Gene, um sich neu zu verbinden. Wo genau sie sich teilen, ist nicht festgelegt. Diese Unbestimmtheit unterliegt höchstwahrscheinlich quantenphysikalischen Gesetzen. Durch diese Fülle an offenen Möglichkeiten wird erst die Vielfalt in der Entwicklung von Lebewesen möglich, die sich dann an unterschiedliche Umgebungsbedingungen anpassen können, indem immer die am besten für ihre Umgebung ausgestatteten Lebewesen sich vermehren und allmählich die weniger geeigneten verdrängen. Das bedeutet, dass der von Newton und Laplace vertretene Determinismus im Bereich der Gegenstände zwar weitestgehend zutrifft. Im Bereich des Lebens aber spielen die quantischen Vorgänge eine so große Rolle, dass die Zukunft der Welt sehr viel offener ist.

**Die Natur als ganzheitliches Beziehungsgefüge**
**und als Vielfalt von Möglichkeiten**

Die Physik der Neuzeit hatte den Anspruch erhoben, den objektiven Aspekt der Natur zu erfassen – völlig unabhängig vom beobachtenden Subjekt. Dafür zerlegte sie die Welt in unzusammenhängende Teilwelten. Das hatte den Wissenschaften des 18. und 19. Jahrhunderts zu enormen Erfolgen verholfen. Newtons Mechanik stand am Anfang dieser Entwicklung, in der die mathematisch formulierte Physik immer weitere Bereiche erfasste. Der mathematischen Begründung der theoretischen Mechanik fester Körper folgte die Erforschung der Elektrizität und des Magnetismus, wodurch mechanische Energie in elektrischen Strom und umgekehrt Strom in mechanische Energie umgewandelt werden konnte. Als Nächstes wurde in Einsteins Relativitätstheorie die Unabhängigkeit der Lichtgeschwindigkeit von einem letztlich als nichtexistent erkannten »Äther« festgestellt, mit allen daraus resultierenden, gewichtigen Folgen für das Verständnis von Raum und Zeit. Um die Wende zum 20. Jahrhundert wurde die Zusammensetzung der Atome aus positiv geladenen Kernen und negativ geladenen Elektronen entdeckt. Es entstand die Quantentheorie als die Physik der Atome, in der physikalisch verstanden werden konnte, welche Arten von Atomen sich in welcher Anzahl zu Molekülen verbinden und welche neuen Eigenschaften die daraus entstehenden Moleküle haben können. Nachdem die Chemie im Lauf der vorangegangenen Jahrhunderte das Spektrum bekannter

Stoffe laufend erweitert und eine beträchtliche Zahl chemischer Reaktionen kennengelernt hatte, erwies sich die *Atomhypothese* immer mehr *als Erklärungsgrundlage für chemische Vorgänge.* Die Quantenphysik vermochte die chemische Bindung der Moleküle, ihre Energie und andere ihrer Eigenschaften zu erklären. Eine Hauptrolle dabei spielte die Heisenberg'sche Quantenunbestimmtheit, das heißt die Erkenntnis über die umgekehrte Beziehung zwischen dem Grad der Ortsfestlegung eines Elektrons im Molekül und dessen Impulsfestlegung, die ihrerseits mit dessen mittlerer Bewegungsenergie in Beziehung steht. Sofern damit die Quantenphysik zu einer neuen Grundlage für das Verständnis der Natur geworden ist, werden so auch die Strukturen und Eigenschaften der Nukleinsäuren und der Proteine als »Moleküle des Lebens« verständlich. Mit dieser Art von »Einpassung« der Chemie und Biologie in die Grundgesetze der Quantenphysik wurde ein wichtiger Schritt zur Erkenntnis der *Einheit der Natur* vollzogen.

Hand in Hand mit dieser Erkenntnis geht diejenige über den *grundlegenden Unterschied zwischen klassischer Physik und Quantenphysik.*

Je größere Genauigkeit die Theorien sowie die Experimente der immer tiefer in den Bereich der Atome dringenden Physik der Mechanik und der Lehre von Elektrizität, Magnetismus und Wärmelehre verlangten, in desto größere, unüberwindlich scheinende Schwierigkeiten gerieten alle diese Bereiche. Nicht nur die als »klassische Physik« bezeichneten physikalischen Teildisziplinen, sondern auch die Relativitätstheorie postuliert eine uneingeschränkte Zerlegbarkeit der Welt in Objekte. Zwischen diesen bestehen Wechselwirkungen, die die Selbständigkeit jener Objekte unangetastet lassen. Diese Wechselwirkungen zwischen den Objekten sind das fundamentale Prinzip der klassischen Physik.

Im Bereich der Atome oder Elementarteilchen ist das völlig anders. Sobald Atome oder Elementarteilchen miteinander in eine enge Beziehung treten, bilden sie immer grundlegend eine neue Ganzheit, in der sie gewissermaßen aufgehen, so dass sie nicht mehr in ihrer vorigen Form existieren.

Veranschaulichen lässt sich der Unterschied zwischen klassischer und Quantenphysik vielleicht mit einem aus verschiedenen Instrumentalgruppen zusammengesetzten Streichorchester. Wenn dieses spielt, kann man beim genauen Hinhören die Stimmführung der ersten und zweiten Geigen, der Bratschen, Celli und Kontrabässe ganz gut auseinanderhalten. Diese Instrumentalgruppen führen innerhalb des ganzen Ensembles eine Art Wechselspiel miteinander durch (entsprechend der »Wechselwirkung« der Teile in der klassischen Physik) und sie geben dabei ihre Identität nicht auf. Anders die einzelnen Mitspieler. Solange nicht einer unter ihnen durch auffallend falsches Spiel aus seiner Instrumentalgruppe herausragt, hört man ihn weder aus dieser noch erst recht aus dem ganzen Orchester heraus. Seine Identität geht wie die aller anderen seiner Mitspieler gewissermaßen in der Ganzheit seiner Instrumentalgruppe auf im Sinne einer ganzheitlichen Beziehung aller Musiker derselben Instrumentalgruppe untereinander sowie auch zum ganzen Ensemble (was wiederum quantenphysikalischen Ganzheiten entspricht).

Im fundamentalen Unterschied zum System der klassischen Physik, welches sich, ähnlich etwa dem Planetensystem unserer Sonne, als eine Art mechanisches, in seine genau aufeinander abgestimmten Bestandteile zerlegbares und wieder zusammensetzbares Uhrwerk vorstellen lässt, bestehen *quantenphysikalische Ganzheiten* nur in den seltensten Fällen aus zerlegbaren und wieder zusammensetzbaren Teilen. Quantensysteme haben grundsätzlich eine auf Einheit gerichtete Struktur. Sie enthalten als Einheit sehr viel größere Möglichkeiten als aus allen ihren Teilen ableitbar sind.

Damit kann die Quantentheorie als Physik der Beziehungen und der Möglichkeiten charakterisiert werden. Diese Beziehungen erzeugen gegenüber einem bloßen additiven Nebeneinander Ganzheiten, die sehr viel mehr sind als die Summe ihrer Teile, wobei diese Teile nicht mehr eigenständig, sondern letztlich nur noch virtuell der Möglichkeit nach existieren.

Der Ganzheitscharakter der Quantentheorie wird besonders dadurch deutlich, dass Moleküle völlig andere Eigenschaften als ihre Ausgangsatome haben. So hat beispielsweise das aus den Ausgangsatomen Wasserstoff und Sauerstoff bestehende Molekül, nämlich das bei Zimmertemperatur flüssige und für uns lebensnotwendige Wasser ($H_2O$), völlig andere, ja gegensätzliche Eigenschaften als die beiden getrennten Gase Wasserstoff ($H_2$) und Sauerstoff ($O_2$), die beide erst bei einer Temperatur von −250 Grad flüssig werden und miteinander auch als Knallgas explosiv reagieren können. Durch diesen Ganzheitscharakter ist die Quantentheorie die naturwissenschaftliche Grundlage für ein genaueres Verständnis dafür, wie qualitativ Neues entstehen kann.

Ein weiterer wesentlicher Unterschied zwischen der klassischen und der Quantenphysik ist die Rolle des *Zufalls*. In der klassischen Physik ist der Zufall ein rein subjektiver Eindruck. Denn nach der klassischen Physik ist alles vollkommen determiniert, nichts ist wirklich zufällig. Ein Ereignis erscheint nur als zufällig, weil es in einem allzu komplexen System nicht vorausberechnet werden konnte. In der Quantentheorie dagegen sind die *Möglichkeiten* eines Systems festgelegt, nicht jedoch deren Realisierung als Fakten. Welche dieser Möglichkeiten faktisch realisiert wird, hängt vom Zufall ab. Da diese möglichen Fakten jedoch nur im Rahmen der naturgesetzlichen Möglichkeiten realisierbar sind, hat der quantenphysikalische Zufall nichts mit einer strukturlosen Willkür zu tun, bei der grundsätzlich alles möglich wäre.[28] Vielmehr ist die Menge der Möglichkeiten festgelegt, und jede dieser Möglichkeiten, wenn sie denn realisiert würde, würde völlig den Naturgesetzen entsprechen und aus ihnen erklärt werden können.

Unser Vater und Schwiegervater hielt oft Rückschau auf die Zeiten der verschiedenen Entdeckungen in der Quantenphysik. Er wird zwar oft als der hauptsächliche Entdecker genannt. Tatsächlich aber war es eine ganze Physiker-Gemeinschaft, die sich damals um das Verständnis der immer wieder aufs Neue verwirrenden Versuchsergebnisse im Bereich der Atomphysik bemühte, ständig miteinander diskutierte und sich gegenseitig zu neuen Ideen anregte. Und Heisenberg achtete sie sehr: Max Born, seinen wichtigsten Lehrer in Göttingen, Nils Bohr, den er wie einen Vater verehrte und der ihn nach Kopenhagen einlud und mit ihm in unermüdlichen Gesprächen der Lösung näher zu kommen suchte. Auch Schrödinger, der ja ausgehend von der Wellenfunktion der Elementarteilchen bald nach Heisenberg zu demselben Ergebnis gekommen war, wurde immer wieder mit großer Hochachtung erwähnt. Und Wolfgang Pauli, ein genialer, aber sehr kritischer Physiker, fand in ebenfalls intensiven Diskussionen jedesmal die Schwachstellen in den Berechnungen Heisenbergs heraus. Die damaligen quantenphysikalischen Entdeckungen waren in der Regel das Ergebnis von Teamwork, eine Gemeinschaftsarbeit von vielen hochbegabten Menschen, die sich diesem Thema verschrieben hatten und ihre gesamte Energie darauf richteten, diese Rätsel der Physik zu lösen.

Von Konkurrenz hörten wir nichts in Heisenbergs Erzählungen. Es ging nie darum, dass er als Erster oder als Einziger eine bestimmte Entdeckung gemacht hätte, sondern immer nur um die Freude darüber, zu einer neuen Sicht der Wirklichkeit vorgedrungen zu sein. Deshalb arbeiteten die Physiker damals ohne Unterbrechung gemeinsam und doch auch arbeitsteilig weiter, um dann wieder die Ergebnisse ihrer Arbeiten gemeinsam auszudiskutieren. Heisenberg entdeckte die Unbestimmtheitsrelation, und Nils Bohr formulierte mit seiner »Kopenhagener Deutung« das Prinzip der *Komplementarität von Teilchen und Welle.* Heisenberg redete immer von der großen Familie der Physiker.

Daher sprach er mit seinen Kollegen nicht nur über Physik, sondern durchaus auch gelegentlich über »Gott und die Welt«, wie man in dem Buch »Schritte über Grenzen« nachlesen kann, beispielsweise mit Nils Bohr, Wolfgang Pauli und Paul Dirac. Und diese Gespräche führten zu einer sehr andersartigen Haltung der Religion gegenüber, als diejenige, die seine Frau seinen Kindern vermittelte. Natürlich fragten wir ihn gelegentlich, je älter wir wurden, desto dringender, warum er denn nur so selten mit uns in die Kirche gehe und ob er denn denke, dass es gar keinen Gott gäbe. Solange wir klein waren, versicherte er uns, dass es durchaus einen Gott gäbe. Später erklärte er uns, die Religion, die in den Kirchen gelebt werde, bestehe aus einer Fülle von Gleichnissen und Bildern, die für Kinder und einfacher denkende Menschen sehr wichtig und gut seien. Denn die Menschen bräuchten einen Kompass, nach dem sie ihr Leben lenken können. Er verglich dies mit der Fahrt eines Schiffs. Wenn es aus so viel Eisen gebaut sei, dass die Kompassnadel nur noch auf das Schiff selbst zeige, gehe dieses in die Irre. Nur durch die Orientierung auf einen außerhalb des Schiffs liegenden Punkt, also den Nordpol, könne das Schiff den richtigen Weg finden. Allerdings würden, wie er sagte, die in den Kirchen verkündigten Bilder und Mythen aus der Religion nicht mehr zu seinem Denken passen. Gleichzeitig brachte er jedoch bekannten Theologen wie etwa Josef Piper oder Romano Guardini große Hochachtung entgegen. Aber lange theologische Gespräche führten wir eigentlich nicht mit ihm.

Erst Jahrzehnte nach seinem Tod erfuhren wir nicht nur, was er nicht glaubte, sondern auch, was er positiv dachte. Denn erst vor wenigen Jahren fanden wir Zugang zu einer DVD mit Tondokumenten von Heisenberg: »Die Schönheit der Weltformel.« Dort stießen wir insbesondere auf eine Radiosendung: »Die Atomphysik – ein Gottesbeweis?« des SDR vom 6.1.1972. Darin zitierte der Interviewer zunächst aus dem Buch: »Der Teil und das Ganze« folgende Stelle: »... fragte mich Wolfgang (Pauli) ziemlich unvermittelt: ›Glaubst Du eigentlich an einen persönlichen Gott?‹ .... ›Darf ich die Frage auch anders formulieren?‹, erwiderte ich. ›Dann würde sie lauten: Kannst du, oder kann man der zentralen Ordnung der Dinge oder des Geschehens, an der ja nicht zu zweifeln ist, so unmittelbar gegenübertreten, mit ihr so unmittelbar in Verbindung treten, wie dies bei der Seele eines anderen Menschen möglich ist? Ich verwende hier ausdrücklich das schwer deutbare Wort *Seele*, um nicht missverstanden zu werden. Wenn du so fragst, würde ich mit Ja antworten.‹ (»Der Teil und das Ganze«, S. 292 f.)« Sodann fragte der Interviewer Heisenberg: »... Wenn man den Vergleich mit einer anderen Seele aufnimmt, legt das doch sehr nahe, dass man doch der zentralen Ordnung begegnen könnte wie etwas, was man nicht selber ist.« Darauf Heisenberg: »Nein, ich würde den Vergleich da ruhig noch um eine Schicht tiefer nehmen. Ich würde sagen, auch wenn wir der Seele eines anderen Menschen begegnen, ist diese Begegnung nur dann ganz intensiv, wenn wir spüren, dass wir nun mit dem anderen im Einklang sind, das heißt, dass wir dessen Empfindungen auch selber haben und dass er auch unsere

Empfindungen hat. Das heißt, dass eine Art von Resonanz stattfindet zwischen der Seele des anderen und uns selber, so dass die beiden eigentlich ein und dasselbe sind für einen Moment und ebenfalls in gewissen Reaktionen. Und gerade in diesem Punkt erscheint mir eben der Vergleich dann gut, denn wir empfinden eben auch, wenn wir die zentrale Ordnung erleben, dass sie sowohl zu dem draußen als auch zu uns selber gehört. Also wir empfinden auch diese Resonanz mit dem Draußen in der zentralen Ordnung.«

Dieses Zitat, welches ich (F. M.) gerade während der Niederschrift meines Buches »Das Versagen der Religion. Betrachtungen eines Gläubigen« kennenlernte und welches dann auch Aufnahme in dieses Buch fand, erinnert mich sehr an eine kürzlich in Erfahrung gebrachte Unterscheidung zwischen einer typisch westlichen und einer typisch östlichen Art der Gotteserfahrung, die einmal der indische Jesuitenpater Sebastian Painadath in einem Interview in einer Kirchenzeitung formuliert hat. Die typisch westliche, sagt er, wäre die interpersonale Gotteserfahrung, Gott als Gegenüber aus der Perspektive einer Objektbeziehung. Die östliche dagegen zeichne sich aus durch eine transpersonale Gotteserfahrung: Gott in mir selbst, in der Subjektivität des vor dem unbegreiflichen göttlichen Geheimnis stehenden Menschen. Durch die globale Begegnung zwischen diesen beiden Sichtweisen käme auch eine fruchtbare gegenseitige Beeinflussung zustande: Im Westen eine Wiederentdeckung der Mystik, im Osten eine Wiederbelebung des Prophetischen und des sozialen Handelns in der Gesellschaft. Heisenberg spricht in seinem Interview von der Verschmelzung zweier an sich unterschiedlicher Seelen und einer durch diese Verschmelzung möglichen tiefen subjektiven Erfahrung der uns alle umfassenden zentralen Ordnung. Für mich ist Heisenbergs Bild tatsächlich ein faszinierendes Beispiel für die

Verbindung aus westlicher, personal/interpersonaler und östlicher, mehr mystisch orientierter, transpersonaler Erfahrung.

In der Zeit, da wir uns mit diesem Tondokument beschäftigten, nahm ich (C.M.) an einem Malkurs teil. Uns war gerade gezeigt worden, wie man von einem Foto mit Hilfe einer Glasplatte einen farbigen Abdruck erstellen konnte, den man dann zu einem Bild ausgestalten konnte. Unsere Auseinandersetzung mit dem Bekenntnis meines Vaters zu jener zentralen Ordnung beschäftigte mich so, dass ich ein Foto meines Vaters nahm, einen Abdruck davon herstellte und daneben versuchte, die zentrale Ordnung mit Farben zu symbolisieren. Ich dachte an die Ordnung, das in alle Richtungen ausstrahlende Zentrum und an die Elementarteilchen, und es wurde ein starrer, spitzer, stechender Stern neben dem Porträt meines Vaters daraus. Ein überaus hässliches Bild! Lange begleitete mich eine unzufriedene Unruhe, und ich grübelte über das Bild nach, bis mir deutlich wurde: Mit der zentralen Ordnung kann man mitschwingen und man kann mit ihr in Beziehung treten. Also malte ich als Hintergrund schwingende Farben in engem Geflecht und enger Beziehung zueinander. Es wurde zwar kein optimales Bild daraus, aber es wurde für mich stimmig, so dass ich diese Vorstellung zufrieden in mein Denken integrieren konnte.

## Die technisch ökonomische Nutzung der Quantenphysik

Die Quantenphysik hat nicht nur physikalisch und philosophisch die am stärksten einschneidenden Veränderungen unseres Weltbilds seit dem Beginn der Neuzeit erbracht. Sie hat in ihrer zwischenzeitlichen Weiterentwicklung seit ihren Anfängen in der ersten Hälfte des zwanzigsten Jahrhunderts heute eine auch immer weiter wachsende *ökonomische Bedeutung* erlangt.

»Etwa ein Viertel des Bruttosozialprodukts in den hochentwickelten Industriestaaten geht auf Anwendungen der Quantenphysik zurück.«[29]

»Zu diesen Anwendungen ... gehören u. a. die gesamte Festkörperphysik mit den *modernen Halbleitern*, und damit auch Computer, Laser, Handys usw., natürlich die Kernkraftwerke, aber auch Solarzellen. In der Medizin sind Kernspintomographie, Positron-Emissions-Spektroskopie und die Krebsbehandlung mit ionisierenden Strahlen Ergebnisse der Quantenphysik. Nachweis- und Untersuchungsmethoden mit Neutronen und radioaktiven Isotopen, Elektronenmikroskopie, Neutronenspektroskopie, Rastertunnel-Mikroskopie beruhen auf Quanteneffekten. Der enorme Erfolg der Quantenchemie mit ihren Molekül-Konstruktionen und nicht zuletzt die Molekular-Biologie sind Anwendungen quantentheoretischer Konzepte. Die Molekularphysik geht heute bereits so weit, dass man einzelne Moleküle mit Hilfe von ultrakurzen Laserpulsen gleichsam ›mit der Hand‹ umbauen kann. Durch ganz speziell erstellte Pulse mit abgestimmten Anteilen von Frequenzen und Polarisationen können Moleküle gezielt auseinandergenommen werden, diese Teile verdreht und dann wieder neu und mit anderen zusammengesetzt werden.

Supraleitung und Suprafluidität gelten als besonders spektakuläre Quantenphänomene, weil sie makroskopische Phänomene darstellen. Dies widerspricht dem noch weithin gehegten Vorurteil, die Quantentheorie sei auf den Bereich der Mikrophysik beschränkt.«[30] Daraus ergibt sich die Überzeugung, dass auch in der Biologie im Bereich der einzelnen Zellen die Quantenphysik eine wichtige Rolle spielt.

## Unterschiedliche Perspektiven bei der Beschäftigung mit der Quantenphysik

Im Folgenden sollen zunächst die getrennten Wege von uns beiden Autoren nachgezeichnet werden, auf denen wir uns mit den philosophischen, interdisziplinären und praktischen Aspekten der Quantenphysik auseinandersetzten, bevor dann die Ergebnisse unserer gemeinsamen Arbeit an diesem Thema im Kontakt mit Thomas und Brigitte Görnitz und einem sich regelmäßig treffenden Gesprächskreis dargestellt werden sollen.

Erst gut fünfundzwanzig Jahre nach der erwähnten Prüfung in Entwicklungspsychologie, nachdem die beruflichen und familiären Aufgaben weniger Kraft kosteten, tauchte die Erinnerung an den Spaziergang mit unserem Vater/ Schwiegervater wieder auf. Im Jahr 2000 veröffentlichten G. W. Buschhorn und H. Rechenberg ein kleines Büchlein: »Werner Heisenberg auf Helgoland – zur 75-jährigen Wiederkehr der Entdeckung der Quantenmechanik«, und ein Jahr später wurde der hundertste Geburtstag von Heisenberg gefeiert. Da gab es viele Vorträge und Gespräche, und H. Rechenberg u. a. gaben eine Festschrift über Werner Heisenberg heraus, in der jüngere Wissenschaftler über ihre Arbeit mit Heisenberg berichteten und unterschiedliche Aspekte der Forschungsarbeiten von Heisenberg dargestellt wurden. So war es naheliegend, dass uns diese Thematik vermehrt zu beschäftigen begann und wir uns intensiver in sie einarbeiteten.

Allerdings hatten wir, entsprechend unseren unterschiedlichen beruflichen Hintergründen, auch unterschiedliche Zugänge zu diesem umfangreichen und überaus spannenden Forschungsgebiet, und wir setzten uns daher zunächst durchaus eigenständig damit auseinander. Während mich (C. M.)

als Tochter Heisenbergs auf dem Hintergrund meiner Tätigkeit als Schulpsychologin und -pädagogin die Idee des Geistigen als Grundlage unserer Welt besonders faszinierte, wurde für mich (F. M.) als Theologe, Psychologe und Schriftsteller die Idee der Naturwissenschaft und Naturbetrachtung als Mittel zur Sinnfindung immer wichtiger.

Zunächst beschäftigte mich (C. M.) die Frage, was das eigentlich heißen soll: »Alles ist geistig.« Oder: »Das Geistige ist die Grundlage unserer Welt.« Wenn wir zwischen Geist und Materie unterscheiden, verstehen wir unter dem Geistigen unser Denken, die Sprache, die Mathematik, vielleicht auch Schönheit und Harmonie ... Aber schon an dieser Stelle wird es fraglich, ob die Schönheit beispielsweise zum Geistigen gehört. Wir empfinden manches als schön. Die Schönheit scheint also eher eine Eigenschaft der Materie zu sein, obwohl auch Musik schön sein kann oder ebenso ein besonderes Erlebnis. Ist die Schönheit eine Entscheidung aus unserem Urteilsvermögen? Oder ist Schönheit eher ein Gefühl, das wir auf das projizieren, was dieses Gefühl auslöst? Aber was ist denn ein Gefühl? Ist es vielleicht physikalisch messbare Energie? Wenn wir etwas fühlen, sind unsere Nervenzellen erregt, und diese Energie ist physikalisch messbar. Aber das Gefühl selbst geht darüber hinaus, in ähnlicher Weise wie das Denken über die Energie in unserem Gehirn, die dabei physikalisch gemessen werden kann, hinausgeht. In der Psychotherapie weiß man, dass die als Adrenalinausschüttung messbare stärkere Erregung vor einer Prüfung beispielsweise von dem Prüfling unterschiedlich gedeutet werden kann. Einige (Glückliche) deuten sie als Vorfreude darauf, endlich zeigen zu können, wie viel sie wissen, und sie haben daher keinerlei Lampenfieber, während andere sie als Angst deuten, Angst vor der Angst bekommen und sich damit die Prüfung verderben. Demnach haben Gefühle auch einen stark kognitiven, also geistigen Anteil. Diese Deutung der Gefühle können wir allerdings nur beim Menschen nachweisen, und sie hängt vielleicht nur mit unseren kognitiven Möglichkeiten zusammen, die eindeutig zum Bereich des Geistigen zählen.

Aber auch schon Insekten, wie die Bienen oder die Hummeln, haben eindeutig kognitive Möglichkeiten. Denn wenn ein Insekt fähig ist, von den verschiedensten Stellen der Umgebung aus sein Nest direkt anzusteuern, um die Larven mit Futter zu versorgen, dann muss es eine kognitive Gesamtvorstellung oder zumindest irgendein kognitives Gesamtkonzept von seiner Umgebung haben. Und dieses kognitive Konzept ist weder Materie noch Energie, sondern deutlich etwas darüber hinaus, also Geistiges. Um Klarheit in diese Fragen zu bringen, beschloss ich, dass ich alles, was nicht Materie oder physikalisch erfassbare Energie ist, als Geistiges verstehen will.

Wenn nun die Grundbausteine unserer Materie, die Atome, aus Elementarteilchen bestehen, die sich je nach unseren Versuchsanordnungen als Teilchen oder als Welle zeigen und sich ineinander umwandeln können, so wird deutlich, dass die Atome zwar Materie sind, aber letztlich nicht aus Materie bestehen, sondern aus Elementarteilchen, die die Materie erst bilden, indem sie nach bestimmten Regeln zusammenwirken. Die Elementarteilchen sind physikalisch je nach Versuchsanordnung als Teilchen oder Welle nachweisbar und sind wohl Energiekonzentrationen in einem größeren elektromagnetischen Feld. Und die Regeln, nach denen sie in den Atomen zusammenwirken, sind kognitiv erkennbar und werden von den Wissenschaftlern in mathematischer Form dargestellt, also in einer Form, die uns höchste geistige Anstrengung abverlangt und nach unserer Auffassung eindeutig in den Bereich des Geistigen gehört. Aber auch wenn man eine Regel nicht in mathematischer Form darstellt, so muss man doch anerkennen, dass sie weder Materie noch Energie ist. Eigentlich sind Regeln wohl eher eine Grundform des Geistigen, quasi Geistiges in elementarster Ausprägung, das die Grundform unseres Seins erst ermöglicht. Man kann also sagen, dass Materie aus Energie und Geistigem gebildet wird, dass also nicht nur in unserem Denken und Fühlen sich Geistiges zeigt, sondern dass jede Materie schon Geistiges in sich trägt oder, man könnte auch sagen, mit transportiert. Und das Geistige, das da in jedem Atom schon mit transportiert wird, besteht in Struktur, in Regeln oder in einer zentralen Ordnung, die aber auch Schwingung und Beziehung beinhaltet. Denn die Strukturen, in denen die Elementarteilchen ein Atom bilden, beinhalten ja auch die Beziehung zwischen den einzelnen Teilchen und deren schwingendes Zusammenwirken.

Es war für mich faszinierend, die Evolution nun unter dem Aspekt der Entfaltung des Geistigen zu betrachten. Wenn nach dem Urknall zunächst winzigste Teilchen durcheinanderwirbelten, die sich erst allmählich zu Wasserstoff- und Helium-Atomen zusammenfanden, so bedeutet das, dass die Strukturen, die die Materie bilden, sich, nach unserer Zeitrechnung, über Hunderte von Millionen Jahren entfalteten, bis hin zu den mehr als 90 unterschiedlichen, in unserem Periodensystem enthaltenen chemischen Elementen. Und diese Elemente konnten sich dann, über noch sehr viel längere Zeiträume hinweg, untereinander zu neuen Stoffen verbinden, den Molekülen, die ihrerseits sich wieder miteinander zu immer größeren Molekülen verbanden. Die Strukturen, die da zusammenwirkten, wurden immer komplexer. Und wenn Strukturen etwas Geistiges sind, entfaltete sich das Geistige allmählich mit der Entstehung unserer Welt. Nicht dass die Regeln immer komplexer wurden, sondern sie ermöglichen das Entstehen immer komplexerer Strukturen.

Schließlich entstanden Moleküle, die sich vervielfältigen konnten und auf diese Weise die Grundlage des Lebens bildeten. Und durch diese Vervielfältigung konnte sich das Geistige optimal weiter entfalten. Denn durch die Vermehrung mit immer wieder kleinen Varianten und durch die notwendige Anpassung an sich ändernde Umweltbedingungen konnten, auf dem schon Gewonnenen aufbauend, weitere Entfaltungen erprobt und bewahrt oder verworfen werden.

Vermutlich waren es kurze Stränge von Ribonucleinsäure (RNS), die die molekulare Grundlage des heutigen Lebens bildeten. Irgendwann entstand eine Form von RNS, die ein besonderes Eiweiß in ihrer Umgebung erzeugte. Dieses Eiweiß sammelte aus der Umgebung Stoffe und band sie an sich, und das, was dann übrig blieb, waren genau die Stoffe, die die RNS brauchte, um sich zu verdoppeln. So förderten die RNS-Kette und das Eiweiß sich gegenseitig in ihrer Entstehung. Dadurch konnte diese Verbindung sich besser vermehren und leichter verdoppeln als die übrigen Stoffe und hatte damit einen Existenzvorteil.

Diese Art von gegenseitiger Begünstigung entstand wahrscheinlich rein zufällig. Aber damit war etwas Neues in die Welt gekommen, die Erfindung eines Zusammenwirkens, einer Kooperation der Moleküle auf einer neuen, höheren Ebene, auf der verschiedene Moleküle gegenseitig ihre Entstehung fördern. Sie verbinden sich nicht zu neuen Stoffen, sondern jeder Stoff bleibt in seiner Eigenart bestehen. Aber durch ihr Zusammenwirken erhalten sie einen Existenzvorteil. Und innerhalb vieler Millionen von Jahren bildeten sich die unglaublich komplexen Strukturen und Formen der Zusammenarbeit in jeder Zelle, die wir heute beobachten können.

Wenn wir eine Autofabrik besichtigen, sind wir beeindruckt von der Vielfalt der Vorgänge dort, die alle zusammenwirken, bis ein Auto fertiggestellt wurde. Und wir erkennen, wie viel über Jahrtausende entstandene kreative Erfindungen der Menschen in das Endprodukt dieser Herstellung eingehen, angefangen von der Erfindung des Rades über die Gewinnung von Metall und die Entwicklung des Motors und vieles mehr. In einer Zelle sind die Abläufe mindestens genauso komplex. Und je mehr wir diesbezüglich erkennen, desto ehrfürchtiger wird unser Staunen darüber. Ist dieses Staunen vielleicht ein Indikator für die Menge an geistiger Entwicklung, die in diesem Zusammenwirken der Mikrostrukturen in einer Zelle sichtbar wird? Ist es unsere intuitive Form der Wahrnehmung solch fremder Geistigkeit, die uns nur noch nicht bewusst ist? Vielleicht müssen wir unser Denken ausweiten, unser Staunen als eine Form von Wahrnehmung begreifen und unsere Vorstellung von Geist und Materie als Antipoden der Wirklichkeit verändern.

Mit der Entstehung des Lebens kamen völlig neue geistige Konzepte in die Welt. Es gibt Einzeller, die nutzen winzige Wimpern, um sich in koordinierter Bewegung Nahrung aus der Umgebung in eine mundähnliche Öffnung zu fächeln oder um sich fortzubewegen. Schon die Fähigkeit zu eigenaktiver Bewegung, um Nahrung oder Schutz zu suchen, ist eine neue Erfindung, aber erst recht die Koordination von Bewegungen ist weit mehr als nur die Anwendung von Energie. Sie ist ein übergeordnetes geistiges Konzept, das sich bis zu den höheren Tieren und uns Menschen immer weiter entwickelt und ausdifferenziert hat. Ohne diese Koordination könnten wir nicht laufen, nichts mit den Händen anfangen, denn bei all unseren Bewegungen werden viele Aktivitäten unseres Körpers miteinander koordiniert.

Aber auch die Aktivität, *um zu* überleben, dieses zielgerichtete Verhalten, das zur Erhaltung des Lebens nötig ist, ist ein geistiges Konzept, das sich irgendwann in der Evolution der Lebewesen entwickelt hat. Die Ribonukleide, die sich am schnellsten und stabilsten vervielfältigen konnten, verbreiteten sich am stärksten. Das sind ganz normale chemische Vorgänge bei komplexen Molekülen an der Schwelle zur Entstehung des Lebens. Aber mit der Entstehung des Lebens entwickelte sich dieses Konzept der aktiven Lebenserhaltung weiter. Die urzeitlichen Einzeller, die am wirksamsten die Stoffe aufnehmen konnten, die sie für die Teilung brauchten, vermehrten sich am besten, und so entstanden Einzeller, die sich die Nahrung in koordinierter Bewegung zufächeln, *um zu* überleben. Und diese lebenserhaltenden, zielgerichteten Aktivitäten weiteten sich aus. Die Bienen sammeln Pollen, bauen Waben und füttern ihre Larven in arbeitsteiliger Kooperation und sichern so das Leben dieser Spezies – eine weitere Neuerfindung in der Entfaltung des Geistigen.

Wie weit alle diese Aktivitäten rein instinktiv ablaufen oder wie weit die Bienen schon ein kognitives Konzept der Notwendigkeiten und des Ziels haben, können wir nicht beurteilen. Aber bei dem sprichwörtlichen Esel zwischen zwei Heuhaufen können wir beobachten, dass dieser sich natürlich entscheiden kann, welchem Haufen er sich zuerst zuwenden will, um nicht zu verhungern. Er hat schon so viele Verhaltensalternativen, dass sein Verhalten nicht mehr nur instinktgesteuert ist, sondern er zwischen verschiedenen Möglichkeiten entscheiden kann. Für diese Möglichkeit der Entscheidung braucht er aber auch eine Wahrnehmung seiner selbst, muss Hunger, Durst oder andere Bedürfnisse fühlen. Das heißt, die Gesamtheit der Bedürfnisse seines Körpers wird in einem zentralen Kern, seinem Selbst, gebündelt und beeinflusst die Entscheidung. Und es gibt Tiere, die sogar eine Selbst*wahrnehmung* haben. Delphine erkennen sich im Spiegel und versuchen einen weißen Flecken, den man ihnen im Schlaf auf die Stirne malte, wieder abzureiben. Der Delphin hat also ein Bewusstsein davon, dass der Delfphin im Spiegel er selbst ist – erste Anfänge eines Bewusstseins, das man früher nur den Menschen zugeschrieben hatte.

Mit der Entstehung der Sprache und der Entwicklung des Menschen zum Homo sapiens und erst recht mit der Erfindung der Schrift und damit der Möglichkeit, Sprache und erworbenes Wissen zu speichern, unabhängig von der mündlichen Überlieferung weiterzugeben und damit zu kumulieren, konnte sich das Geistige zu den uns beeindruckenden und erfreuenden derzeitigen Höchstformen entfalten. Wenn man allerdings bedenkt, dass auch das Bewusstsein, die zurzeit höchste Form des Geistigen, schon bei einigen höheren Säugetieren im Ansatz zu erkennen ist und dass erst im Laufe der Entwicklung der Menschheit dieser ihr Denken, die Wichtigkeit der Liebe und der Wissenserwerb so bewusst geworden sind, dass sie damit umgehen und es bewusst einsetzen konnten, dann ist zu vermuten, dass uns auch jetzt noch längst nicht alle unsere Möglichkeiten und alles, was unser Leben bestimmt, recht bewusst geworden ist. So führte die intensive Beschäftigung mit der Quantenphysik bei mir zu einer großen Neugierde auf alles, was sich vielleicht als geistige Weiterentwicklung ankündigt.

Für mich (F. M.) als von der Theologie und Psychotherapie herkommender Schwiegersohn von Werner Heisenberg standen zunächst ganz andere Aspekte der Quantenphysik im Vordergrund. Bedingt durch meine Herkunft aus einer Emigrantenfamilie interessierte ich mich früh für interkulturelle Unterschiede zwischen den Menschen, auch über die Kontinente hinweg. Auf die Dauer wurde mir allerdings klar, dass mir etwas fehlte, wenn ich bei unseren Bemühungen um einen Austausch zwischen den oft sehr verschiedenartigen Kulturen und der Mentalität ihrer Menschen auf einer einseitig pragmatischen Ebene operierte. Gerade auf meinem theologischen Hintergrund erschien es mir immer wichtiger, kulturelle Besonderheiten und deren trennende ethisch moralische und religiöse Hintergründe tiefer auszuloten, um deren Inhalte besser verstehen zu lernen. Angesichts der uns immer nachhaltiger bedrohenden weltweiten Konflikte und Kriege begann ich mich mit verschiedenen Konzepten einer interkulturellen, interreligiösen und interdisziplinären Verständigung der Menschen im Dienste von Gewaltfreiheit und Frieden zu befassen. Dabei schien es mir unerlässlich, nicht nur in den verschiedenen Religionen nach Impulsen für eine dialog- und friedensfördernde Sinnfindung und Werteorientierung zu suchen. Vielmehr sah ich im *religionsübergreifenden Sinn* im Bereich der Kunst und der Kultur und insbesondere auch im Bereich des *Naturerlebens* und der *wissenschaftlichen Naturerforschung* eine ebenbürtige Quelle für eine existentiell tiefgreifende Sinn- und Werteorientierung.

Und was gerade den Bereich der Naturwissenschaften betraf, so erinnerte ich mich bald wieder an das in jungen Jahren von meinem Schwiegervater über die Grundlagen der *Quantenphysik* Gelernte. Als eine Physik der ganzheitlichen Beziehungen und der Möglichkeiten lässt sie Raum für eine neue Sicht vom Menschen mit seinen bis ins Religiöse gehenden Fragen nach seinem eigenen Ursprung, nach dem Sinn seiner Existenz und nach seiner letztlichen Bestimmung. Das Bewusstsein des Menschen wird hier weder als dualistisch von seiner physischen Existenz getrennt gesehen noch auch als reines Epiphänomen der physiologischen Vorgänge betrachtet. Vielmehr eröffnet die enge Verschränkung der geistigen und der physiologischen Existenz des Menschen auch der Frage nach dem Sinn unseres Daseins neue Möglichkeiten.

Je tiefer ich mich im Zuge der Entwicklung meines Konzepts mit den philosophischen Grundlagen der Quantenphysik befasste, desto bewusster wurde mir auch ein *kulturspezifisches Merkmal der Quantentheorie*. Fraglos konnten aufgrund des diskursiven und rationalen Denkens im abendländischen Kulturkreis die großen naturwissenschaftlichen Entdeckungen und technischen Leistungen der Neuzeit nur dort entstehen. Dafür war vor allem in den östlichen Kulturkreisen – trotz deren unbestreitbaren technischen Erfindungen im alten Ägypten und in China – die Wahrnehmung eines Ganzen nie so sehr aus dem Blick geraten wie im Abendland. Deshalb entsprechen die mit der Quantenmechanik verbundenen Vorstellungen sehr viel mehr der konstellativ ganzheitlichen Denkweise des östlichen Kulturkreises als der betont rationalen Logik im Westen. Unter dieser Voraussetzung mögen Querverbindungen von der unanschaulichen, vor allem mit Bildern, Chiffren, Modellen und mathematischen Formeln darstellbaren Wirklichkeit der Quantenphysik zu gewissen Grundkategorien fernöstlicher Mystik auf den ersten Blick bestechend, vielleicht sogar auf Dauer überzeugend erscheinen. Allerdings hätte sich ohne die im Abendland vollzogene Entgötterung der Erscheinungen am Himmel und auf Erden als jüdisch-christliches Erbe nie die von Galilei initiierte empirisch-naturwissenschaftliche Erfassung unserer Wirklichkeit durchsetzen können. Die sich im heutigen Zeitalter der Globalisierung langsam vollziehende Annäherung zwischen östlichem und westlichem Denken sowohl in den Wissenschaften als auch in der Kunst und Philosophie, Wirtschaft, Recht und Politik könnte sich im Sinne einer überaus fruchtbaren gegenseitigen Beeinflussung positiv auf die weitere Entwicklung unseres wissenschaftlichen, kulturellen und religiösen Lebens auswirken. Trotz aller Wahrung der spezifischen Unterschiede zwischen den verschiedenen Kulturkreisen auf unserem Globus könnten diese langfristig doch zu einer Synthese im Sinn einer lebendigen und sich wechselseitig ergänzenden Ganzheit zusammenwachsen.

Diese Affinität von Naturwissenschaft und innerer Sinn- und Werteorientierung über die nach der Quantentheorie geistige Struktur der Materie und das mit der Materie eng verbundene, beziehungsaufbauende menschliche Bewusstsein wurde für uns beide gleichzeitig besonders erkennbar. Es war wie durch ein Zufall, dass wir vor wenigen Jahren den neuesten fundierten Versuch einer Weiterentwicklung der nunmehr bald hundert Jahre alten »Kopenhagener Deutung« durch Thomas und Brigitte Görnitz kennenlernten. Diese hatten auf der Basis grundlegender Überlegungen des Heisenberg-Schülers Carl Friedrich von Weizsäcker das Konzept der *Protyposis* entwickelt: das *Prinzip einer abstrakten und bedeutungsfreien Ur-Information* als *kosmischer Urstoff von Materie, Leben und Bewusstsein.*

# IV. Quanteninformation als Urprinzip allen Seins (Protyposis)

Das von Thomas und Brigitte Görnitz 2009 erschienene Buch »Die Evolution des Geistigen. Quantenphysik – Bewusstsein – Religion« passte genau zu den Fragen, die uns damals beschäftigten. Diese Schrift baut auf dem zwei Jahre vorher erschienenen Werk derselben Autoren auf: »Der kreative Kosmos. Geist und Materie als Quanteninformation« (Spektrum. Akademischer Verlag Heidelberg 2007). Görnitz & Görnitz sehen in der Quantenphysik neue und weiterführende Möglichkeiten, die Evolution des Geistigen auch physikalisch zu erklären und damit den in unserem Denken vorhandenen Dualismus zwischen Geist und Materie zu überwinden. Auf der Grundlage von Vorarbeiten des Physikers und Philosophen Carl Friedrich von Weizsäcker betrachten sie die *Quanteninformation* als die Grundlage unserer Welt.

Nach ersten Erwägungen für eine Begründung der Physik auf der Grundlage von abstrakten, quantisierten binären Alternativen im Sinn von Ja-Nein-Entscheidungen bereits in den 1950er Jahren betrachtete von Weizsäcker »Quantenbits« bzw. »Qubits« als universelle Grundlage auch von Materie und Energie, die er später als »Ur-Alternativen« oder »Ure« bezeichnete.[31] Diese Ur-Alternativen waren für von Weizsäcker allerdings noch mit Bedeutung im Sinne der klassischen Informationstheorie gefüllt, in der Informationen von einem Sender zu einem Empfänger immer mit Bedeutung für jemanden versehen sind und damit Bedeutung für ein Subjekt enthalten und nicht objektivierbar sind. Da nach Görnitz & Görnitz diese Art von nichtobjektivierbarer Information nicht mit naturwissenschaftlichem Denken kompatibel ist, postulierten sie, dass es sich bei dieser Ur-Information nicht um bedeutungs*volle*, sondern immer um bedeutungs*freie* Information handeln muss, die unserer Welt als Urstoff des Kosmos und als Grundlage von dessen gesamter Evolution vom Urknall bis zur Entstehung des Bewusstseins zugrunde liegt. Dessen einfachste, aber nicht kleinste, sondern im Gegenteil über den ganzen Kosmos ausgedehnte Einheiten sind die sogenannten *Qubits*.[32] Durch die Einführung des aus den Geistes- und Sozialwissenschaften stammenden, aber an das naturwissenschaftliche Denken adaptierten Informationsbegriffs im Sinn von unser ganzes Sein umfassender und grundlegender bedeutungsfreier Information wird eine entscheidende Voraussetzung geschaffen für die Überwindung des Dualismus zwischen Materie und Geist durch die Quantenphysik.

Diese bedeutungsfreie Quanteninformation als denkbar abstrakteste und zugleich für alles grundlegende Substanz bezeichnen Görnitz & Görnitz auch als *Protyposis*. Das aus dem Griechischen stammende typeo – ich präge ein – soll verdeutlichen, dass sich dieser abstrakten und damit bedeutungsfreien Quanteninformation eine Form, eine Gestalt und möglicherweise auch eine Bedeutung einprägen *können*. *Pro*-typosis ist damit eine als »möglich«, vorweggenommene oder »*Vor*-Gestalt«, eine »Vorstellung« oder »Modell« von allem.[33]

Diese Quanteninformation ist die einfachste Struktur, die es geben kann, denn sie enthält nur die Alternative ja/nein, oder, wie es im Computer ausgedrückt ist: 1 oder 0. Sie enthält sozusagen die zwei alternativen Antworten auf eine Information, nämlich sein oder nicht sein. Aber da sie noch nicht mit Information gefüllt ist, ist sie erst einmal völlig abstrakt. Sie kann sich jedoch mit anderen Quanteninformationen zu dem, was unsere heutige Welt ausmacht, formen. Sie umfasst und enthält damit im Kern alle materiellen, energetischen, vitalen und geistigen Formen unseres Seins als *Möglichkeit* und »erscheint« sozusagen in allen diesen möglichen Formen des Seienden. Wie wir gleich im Einzelnen erörtern werden, sind nach Görnitz & Görnitz alle materiellen Objekte und Energiezustände spezielle Zustände (»Kondensate« oder auch »Lokalisierungen«) der abstrakten Quanteninformation. Protyposis erscheint so als Materie mit Ruhmasse und als massefreie Energie. Die aus der unbelebten Materie hervorgegangenen Lebewesen werden als informationsgesteuerte, instabile Systeme in labilem Gleichgewicht beschrieben. Damit wird die ursprünglich bedeutungsfreie Information zur *bedeutungsvollen Quanteninformation*. Und mit dem aus dem Leben hervorgehenden Bewusstsein schließlich erscheint Protyposis als *sich selbst erlebende und selbst erkennende Quanteninformation.*[34]

In der klassischen Physik müssen bei der Zerlegung eines Systems in Teile diese unbedingt kleiner als das Ganze sein, da das Ganze immer die Summe seiner Teile ist. Ein Quantensystem jedoch besteht nicht aus Teilen. Denn je stärker die Bindungskräfte zwischen Elementarteilchen, desto weniger sinnvoll ist eine Aussage über ein »... bestehen aus«. In diesem Sinn »bestehen« beispielsweise Protonen und Neutronen nicht aus drei Quarks, den angeblich noch kleineren Bausteinen der Elementarteilchen, sondern sie besitzen innere Freiheitsgrade, die mit dem Modell der Quarks beschrieben werden können. Und analog dazu »bestehen« die Elementarteilchen nicht aus Protyposis, sondern die Protyposis kondensiert zu Elementarteilchen. Daher können die Elementarteilchen auch durchaus kleiner sein als die

Protyposis, die ihre Grundlage bildet. Denn nach Görnitz & Görnitz ist die Protyposis nicht lokalisiert, sondern als einfachste Struktur unserer Welt räumlich sehr weit ausgebreitet.

Protyposis als abstrakte Information ist wesensverwandt mit dem, was in der philosophischen Tradition als *Geist* bezeichnet wird. In ihrer Abstraktion von allem Konkreten verzichtet Protyposis grundsätzlich auf Sender und Empfänger sowie auf Bedeutung. Sie kann zwar in einem Kontext zu Bedeutung werden, aber zunächst ist sie frei davon und kann daher auch als objektiv betrachtet werden.[35] Besonders spannend und evident neu gegenüber der Quantentheorie des frühen zwanzigsten Jahrhunderts wird es, wenn sich mit dem aus dem Leben hervorgegangenen *Bewusstsein* als (bisher) höchster Evolutionsstufe jenes »Geistes« der Kreis wieder schließt. Dies ist der Fall, wenn die mit »Geist« wesensverwandt betrachtete abstrakte Quanteninformation zum Gegenstand der Reflexion durch das Bewusstsein wird, Geist somit sich in seinen verschiedenen Erscheinungsformen selbst reflektiert. Oder anders gesagt: wenn Bewusstsein nicht nur sich selbst erkennende Information ist, sondern auch ein gleichzeitig sämtliche Evolutionsstufen der Information erkennendes und ggf. wissenschaftlich erfassendes Subjekt.

## Materie als kondensierte Information

Wir sagten, dass nach dem Protyposis-Konzept von Görnitz & Görnitz alle materiellen Objekte und alle Energiezustände spezielle Zustände (»Kondensate« oder auch »Lokalisierungen«) der abstrakten Quanteninformation in Form von *Qubits* als deren einfachsten Einheiten sind. Dabei gilt grundsätzlich: Je geringer die Masse der verschiedenen Elementarteilchen als der kleinsten bekannten Bausteine der Materie ist, desto weniger Qubits sind an ihrer Entstehung beteiligt und desto größer ist ihre Ausdehnung. Görnitz & Görnitz haben eine Methode entwickelt, um die Menge an Qubits, die ein Elementarteilchen bilden, zu berechnen. Photonen mit der Ruhemasse Null und mit einer Energie, die etwa der des sichtbaren Lichts entspricht, enthalten »nur« etwa 10 hoch 32 Qubits. Die Bitanzahl des strukturlosen, aber Masse besitzenden Elektrons beträgt bereits 10 hoch 38 Qubits. Wesentlich komplexer als bei Elektronen ist die Struktur des Protons mit seinen Quarks und Gluonen. Seine Ausdehnung ist kleiner und seine Masse größer als die des Elektrons, und es braucht dementsprechend noch erheblich mehr Qubits.

Je einfacher also die materielle Struktur der Elementarteilchen als kleinste Bausteine der Materie, desto größer die Ausdehnung und umgekehrt. Vergegenwärtigt man sich dies, so wird spätestens dann deutlich, dass die Vorstellung der kleinsten Teile von Materie als Klötzchen oder Kügelchen im Sinne der klassischen Physik der Vergangenheit angehören sollte.

Protyposis kann in sehr unterschiedlicher Form verdichtet sein, als feste, flüssige oder gasförmige Materie, also als das Bleibende, welches gegen eine Veränderung Widerstand leistet. In der Form von Energie kann Protyposis Veränderungen und Bewegungen der Materie bewirken. Als Information kann Protyposis an instabilen Systemen im Bereich lebender Wesen energetische Vorgänge steuern.[36]

## Leben als bedeutungsvolle Information

In ihrem Buch »Die Evolution des Geistigen« ziehen die Autoren für eine naturwissenschaftliche Beschreibung des ganzheitlichen Phänomens *Leben* die Quantentheorie heran, weil diese das optimale System für ein überzeugendes Verständnis komplexer und zugleich einheitlicher Gegebenheiten wie der des Lebens ist. Görnitz & Görnitz hatten aufgezeigt, dass im Bereich der Elementarteilchen die gebildeten Ganzheiten so stark sind, dass man nicht sagen kann, ein Proton würde aus drei Quarks und einigen Gluonen *bestehen*. Genauso wenig kann man sagen, dass Lebewesen aus den einzelnen Organen *bestehen*, sondern sie bilden eine Einheit, die man nicht auseinandernehmen und wieder richtig zusammensetzen kann. Das ist ein deutliches Zeichen dafür, dass im Bereich des Lebens die Quantentheorie und die Protyposis eine sehr viel größere Rolle spielen, als bei der klassischen Physik.

Schon für die Erörterung der Frage nach der Entstehung des Lebens aus der unbelebten Materie ist die Einbeziehung der Protyposis als abstrakter Quanteninformation notwendig. Weiter oben wurde schon ausgeführt, dass Lebewesen sich in einem Fließgleichgewicht befinden und daher ständig Stoffe und Energie aufnehmen und wieder abgeben müssen, um sich am Leben zu erhalten. Die ersten RNS-Stränge, die durch Anlagerung komplementärer Stränge Kopien ihrer selbst erstellten, waren darauf angewiesen, in ihrer Umgebung *zufällig* die passenden Stoffe für diese Vermehrung zu finden, die sich dann einfach über chemische Reaktionen anlagerten. Aber letztlich ist schon in jeder chemischen Reaktion auch Information enthalten. Die elektromagnetischen Bindungskräfte, die die Anziehung und dann die Verbindung zwischen den passenden Molekülen bewirken, sind zu Energie kondensierte Protyposis.

Manche RNS-Stränge wurden ungenau kopiert, und so entstanden unterschiedliche Sorten von ähnlicher RNS, von denen diejenigen sich am besten vermehrten, die den jeweiligen Umgebungsbedingungen am besten angepasst waren. Und je mehr solche RNS-Stränge entstanden, je weiter sich die Molekülstrukturen den Urformen des Lebens näherten, desto rarer wurden die frei zur Verfügung stehenden Moleküle für die Verdoppelung.

Da hatten dann die RNS- oder DNS-Stränge, die in irgendeiner Weise Aktivität entfalten konnten, um mehr von diesen erforderlichen Molekülen zu erreichen, einen Existenzvorteil. Vermutlich geschah das erst auf der Stufe, als schon DNS-Stränge in komplexerer Kooperation mit anderen Molekülen in einer schützenden Membran existierten.

An diesem Punkt muss sich aus der Protypopsis Information mit Bedeutung entwickelt haben. Denn schon wenn durch komplexe biochemische oder biophysikalische Reaktionen in einer solchen Ur-Zelle Bewegung entsteht, so muss sich dies abwechseln mit ruhigeren Zeiten, in denen Stoffe angelagert und andere abgestoßen werden, um die Energie für die nächste Bewegung wieder aufzubauen. Die Stoffwechsel- und die Bewegungsvorgänge laufen also aufeinander abgestimmt ab. Je komplexer die Vorgänge in den entstehenden und sich entwickelnden Zellen wurden, desto komplexer wurden die Strukturen, desto genauer mussten sie aufeinander abgestimmt sein. Und solches ist nur möglich mit innerer Information über das ganze Lebewesen und das, was zur Stabilisierung seines labilen Gleichgewichts gerade notwendig ist. Ebenso sind auch Informationen über das im Umfeld vorhandene Angebot hilfreich zum Überleben. Die chemischen Reaktionen, die vor der Entstehung des Lebens eine einfache Verbindung von Molekülen ermöglichten, gewannen mit der Entstehung des Lebens eine Bedeutung für die Lebewesen. Und die Lebewesen, die diese Bedeutung erkennen und als Information für sich nutzen konnten, konnten am besten überleben und sich vermehren.

Görnitz & Görnitz sehen die Evolution des Kosmos vom Urknall an als eine ständige Vermehrung der Protyposis, zunächst über die Kondensierung der Urmasse zu Materie, dann über die Bildung von immer komplexeren Atomen und Molekülen bis hin zum Leben, durch die die zunächst »ungefüllte«, abstrakte Information nicht mehr nur zu Materie und Energie, sondern auch zu konkreter, mit Bedeutung gefüllter Information kondensiert und so eine neue Seinsform entwickelt. Und in dem Sinne ist auch die Vermehrung der Lebewesen und die Ergänzung der einfacher strukturierten durch komplexer gebaute Lebewesen eine Folge der weiteren Vermehrung der Informationsquanten bzw. des Geistigen in der Welt und entspricht damit möglicherweise dem Ziel des kosmischen Geschehens.

Daraus folgt, dass auch das Streben von Lebewesen nach Erzeugung von Nachkommen als grundlegendes Prinzip der gesamten, letztlich teleologisch ausgerichteten kosmischen Entwicklung betrachtet werden kann und die beteiligte Information auf der Evolutionsstufe des Lebens immer mehr als *bedeutungsvoll* erscheint.[37] Damit ist der zentrale Aspekt für eine Erklärung von Leben aus der Sicht der beiden Autoren *die aktive interne Informationsverarbeitung.* Denn Lebewesen sind fähig, Informationen aus ihrer Umwelt als äußere, für ihre Existenz als bedeutungsvoll erkannte Reize intern zu bewerten und darauf zu antworten.[38]

Konkret heißt das: Lebewesen geraten von Natur aus ständig aus ihrem *labilen*, lebenserhaltenden Gleichgewicht heraus. Von innen führt beispielsweise der andauernde physiologische Stoffwechsel zu Hunger und Durst, die körperliche und geistige Beanspruchung des Körpers bzw. auch des

Gehirns zu Müdigkeit und Erschöpfung, und von außen kann übermäßige Hitze oder Kälteeinwirkung die natürliche Wärme- und Flüssigkeitsregulierung empfindlich beeinträchtigen und massives Unwohlsein hervorrufen. Ein »endgültiges«, d. h. *stabiles* Gleichgewicht eines Gesamtorganismus erfolgt beim Menschen erst mit dem Eintreten des Hirntodes. Bis dahin befindet sich ein Lebewesen in einer ständigen Spannung, einem davor nie endenden Kampf zwischen immer wieder neu erfolgenden Ungleichgewichten und einer angestrebten Behebung derselben zugunsten eines *labilen*, d. h. jedes Mal zeitlich befristeten Gleichgewichts.

Der gesamte Körper, jede einzelne Zelle, jedes Organ und auch das Gesamtlebewesen sind daher ständig damit beschäftigt, dieses labile System auf allen Schichten der Kooperation im Gleichgewicht zu halten. Für das Lebewesen als Ganzem sind Hunger, Durst oder Müdigkeit die Zeichen, dass es etwas zur Stabilisierung des Systems tun muss. Auf der Ebene der einzelnen Zellen oder der einzelnen Organe laufen diese Vorgänge meist völlig unbewusst und in unvorstellbar großer Geschwindigkeit ab. Ob eine einzelne Zelle jetzt gerade mehr Zuckermoleküle braucht, eine bestimmte Eiweißsorte produzieren muss, um ihre Funktion aufrechtzuerhalten, oder sich teilen muss, davon merken wir nichts. Nur die Summe aller Vorgänge zeigt sich uns als Signal, dem Körper wieder mehr Energie oder Flüssigkeit zuführen zu müssen (Hunger oder Durst) oder mehr Ruhe zur Regeneration der Zellen lassen zu müssen (Müdigkeit).

Die Geschwindigkeit, in der das alles abläuft, ist nur auf der Quantenebene möglich, wo ständig mehrere Möglichkeiten der Weiterentwicklung offenstehen und jeweils mit dem Faktisch-Werden einer Möglichkeit die anderen Möglichkeiten unrealisiert bleiben. Diese Möglichkeiten, die gewählt werden, sind offene Qubits mit der einfachsten Struktur ja/nein. Wenn eine Möglichkeit gewählt wird, sind alle anderen Möglichkeiten abgewählt und werden vom Körper sozusagen wieder als Qubits abgestrahlt, zum Beispiel in der Form von elektromagnetischen Wellen, die man im EEG messen kann.

Welche Möglichkeit gewählt wird, wird im Normalzustand intern in jeder Zelle entschieden. Dazu tragen die Stabilisierungsbedürfnisse in der Zelle bei, aber auch Informationen aus der Umwelt. Bei starker Kälte oder Hitze beispielsweise arbeiten viele Zellen anders als in Normaltemperatur. Aber auch ein plötzlicher Schreck oder ein bestimmter Gedanke können das Arbeiten der verschiedensten Zellen beeinflussen. So werden durch die Beseitigung quantischer Möglichkeiten (z. B. durch das Abstrahlen von Photonen) faktische Veränderungen geschaffen, welche in günstigen Fällen die Instabilität beseitigen, die ursprüngliche gleichgewichtige Stabilität vorübergehend wiederherstellen und so die Existenz des betreffenden Individuums festigen. Wird hingegen die Stabilität des instabilen Systems Lebewesen weiter vermindert, kann es – etwa durch Verhungern, Verdursten, Erfrieren usw. – dazu führen, dass die betroffenen Lebewesen zugrunde gehen. Und eine Spezies, die es nicht schafft, schnell und umfassend genug ihr System zu stabilisieren, wird schneller als die anderen Spezies wieder aus dem Evolutionsgeschehen ausscheiden.

Dadurch, dass alle diese Vorgänge auf der Quantenebene ablaufen, in der immer viele Möglichkeiten offen sind, so dass einlaufende Information sehr schnell auch die Wahl der Möglichkeiten beeinflussen kann, laufen alle diese Vorgänge mit großer Geschwindigkeit ab, die das Überleben des Lebewesens sichern. Man kann das wieder mit dem auf dem Zeigefinger balancierenden Stab vergleichen, einem typischen Beispiel für labiles Gleichgewicht. Nur wenn der Zeigefinger schnell genug die Informationen über die Gewichtsverlagerung des Stabes aufnimmt und entsprechend mit kleinsten Bewegungen gegensteuert, gerät der Stab nicht aus dem Gleichgewicht. So lässt jedes Lebewesen Information zu bedeutungsvoller Information, kurz zu Bedeutung werden, indem es diese zu seiner Stabilisierung verwendet. Das Leben ist die Stelle im kosmischen Geschehen, an der Information zu Bedeutung werden kann.[39]

Dies gilt bereits für einzellige Lebewesen, bei denen die gesamte Zelle Informationsempfänger ist, es sei denn, die höher differenzierten Einzeller sind mit Organellen ausgestattet, die auf bestimmte Träger von Information spezialisiert sind. Bei Mehrzellern sind ganze Zellen und Zellverbände auf bestimmte Informationsträger wie etwa Augen auf Photonen des sichtbaren Lichts, Ohren auf Druckschwankungen der Luft eingestellt usw. Sind für Einzeller noch chemische Stoffe Grundlage für ihre Lebensprozesse, so nutzen die Pflanzen und damit indirekt auch die von den Pflanzen abhängigen Tiere und Pilze dafür auch das Sonnenlicht. Die Pflanzen bilden mit Hilfe der Sonnenenergie aus einfacheren Stoffen energiereichere Moleküle, die die Grundstoffe für den Aufbau von Eiweißmolekülen bilden. Damit wird das Licht, die elektromagnetischen Wellen, die ja je nach Betrachtungsweise auch Photonen sind, zu lebensbedeutsamen Informationsträgern.


## Bewusstsein als sich selbst erkennende Information

Am deutlichsten und ausgeprägtesten wird Protyposis zu bedeutungsvoller Information, wenn, wie beim Menschen und ansatzweise bei höheren Säugern, das *Bewusstsein* beteiligt ist. Während in der Hirnforschung mit auf quantenphysikalischer Basis entwickelten bildgebenden Verfahren wie etwa der Computertomographie die biochemischen und die biophysikalischen Vorgänge im Gehirn immer besser erforscht werden, kommt man an die Vorgänge des Bewusstseins damit nicht heran. Görnitz & Görnitz begründen dies[40] in Anlehnung an Eric Kandel[41] damit, dass das Bewusstsein zunächst eine nur introspektiv zugängliche Erfahrung ist, nur eine subjektive, persönliche Sichtweise, die der Wissenschaft nur über Selbstaussagen des jeweiligen Subjektes zugänglich sind. Allerdings zeigt das gerade, dass unser Bewusstsein sehr stark auf quantischen Vorgängen beruht, bei denen ja dieses Ideal der objektiven wissenschaftlichen Erforschung, wie man seit der Unbestimmtheitsrelation weiß, nicht mehr aufrechtzuerhalten ist.[42] So ist die Einbeziehung der subjektiven Erfahrung unumgänglich notwendig, was aber sehr viel überzeugender möglich ist, wenn man die Protyposis als die gemeinsame Grundlage der Materie, der Energie und des Bewusstseins annimmt.

Dabei begründen die beiden Autoren zunächst philosophisch, warum das Bewusstsein ein reales Faktum ist. Schon Descartes sah die Tatsache, dass er denkt, was er als das Innerste seines Seins nicht leugnen kann, als den wichtigsten Beweis dafür, dass er existiert. Da wir aber gemeinsam mit allen Mitmenschen aus der Evolution in einer langen genetischen Abfolge hervorgegangen sind, kann ich mein Bewusstsein nicht mir als einzigem Menschen zugestehen, sondern muss annehmen, dass es auch bei allen anderen Menschen real existiert. Und wenn wir uns in unserer in der Evolution entstandenen Einheit als biophysikalische, biochemische und informationsgesteuerte Lebewesen betrachten, wird deutlich, dass auch die Gefühle, die Informationen über das Körperliche und das Emotionale vermitteln, unabdingbar zum Bewusstsein dazugehören. Wobei sich gerade das Psychische in seiner Flüchtigkeit, seiner Ambivalenz und seinem schnellen Wechsel zwischen verschiedenen Gedankensplittern dem objektiven Messprozess weitgehend entzieht. Wie in den Versuchen zur Quantenphysik verändert sich das Psychische, sobald man versucht, es klar zu fixieren. Schon die Frage: »Was denkst du gerade?« bewirkt, dass der Angesprochene seine Aufmerksamkeit auf einen der vielen im Halbbewussten ablaufenden Aspekte zentriert, ihn formuliert und damit alle anderen möglichen Antworten für den Moment ausschließt.[43]

Da Görnitz & Görnitz das Bewusstsein als real existierend und auf quantischen Vorgängen und Quanteninformation beruhend sehen, beschreiben sie den Weg von äußeren Informationen bis ins Bewusstsein und bis in die körperlichen Reaktionen. In ihrer gemeinsamen Arbeit vereinigen sie profundes medizinisches, psychologisches, mathematisch-physikalisches und philosophisches Wissen und können so den Weg der Protyposis von den verschiedenen Informationsquellen bis ins Bewusstsein und vom Bewusstsein wieder bis in die gedankliche und körperliche Reaktion genau und überzeugend darlegen. Daraus folgt dann auch ein Verständnis für psychosomatische Vorgänge oder Plazebo-Effekte, die in der Medizin eindeutig nachgewiesen, aber bisher nicht erklärt werden konnten.

Besonders deutlich zeigt sich jedoch die Kraft der als Geistig-Psychisches wirkenden Protyposis und ihre Wirkung auf den ebenfalls aus Protyposis bestehenden Körper darin, dass die mit einem Bewusstsein ausgestatteten Lebewesen die immer wieder lebensnotwendige Wiederherstellung von labilen physischen Gleichgewichtszuständen nicht nur bewusst verfolgen und bewerten, sondern auch, über alle vitalen Reflexe und Instinktreaktionen hinaus, oft weitgehend steuern können. Wir Menschen können beispielsweise in der Regel »überlegt« entscheiden, wann wir das durch Hunger und Durst signalisierte Ungleichgewicht des Körpers wieder aufheben wollen, indem wir etwas essen und trinken, wie viel und was wir essen wollen, und wann wir das Essen zugunsten einer Alternative aufschieben wollen. Hier kann sich auch eine Hierarchie mehr oder weniger vorrangiger Gleichgewichtszustände herausbilden, innerhalb deren auf die Erstellung eines bestimmten Gleichgewichts zugunsten eines als höherwertig empfundenen Gleichgewichts verzichtet werden kann. So kann zum Beispiel auf das Essen zur Beseitigung des Hungers verzichtet werden, um eine demütigende Niederlage oder Behinderung durch einen demonstrativ protestvollen Hungerstreik zu überwinden. Dies kann sogar so weit auf die Spitze getrieben werden, dass durch Nahrungsverweigerung die Beendigung aller vitalen Funktionen in Kauf genommen wird, so dass das labile Gleichgewicht umkippt in das stabile Gleichgewicht des Todes. So wie der willentliche Selbstmord nichts anderes ist als die bewusst gesteuerte Herbeiführung eines nicht mehr behebbaren, krassen, zum Tode führenden Ungleichgewichts. Umgekehrt kann der Verzicht auf eine niederrangige Gleichgewichtswiederherstellung (z. B. Nahrungsverzicht durch reinigendes Fasten) eine innere Glückseligkeit im Sinne meditativer Versenkung und tiefer Harmonie mit sich selbst herbeiführen, welche von einem Individuum als sehr viel hochrangiger bewertet wird als Nahrungsgenuss und Sättigung.

So wie das Bewusstsein in den meisten Fällen den temporären Verlust eines physischen Gleichgewichts aktiv begleitet oder gar mit steuert und dessen Wiederherstellung mit gestaltet, so gilt dies in vielen Fällen erst recht für die Rolle des Bewusstseins beim Nahen des irgendwann unaufhaltsam erfolgenden Augenblicks des Todes. In der Regel ist bei einer zum Tod führenden Krankheit das Bewusstsein nicht ein unbeteiligter oder gar nur neugieriger Beobachter. Es wird vielmehr mit einer letzten, alles Bisherige übersteigenden Konzentration und Intensität das Nahen des Todes mit vollziehen, indem es entweder angstvoll dagegen ankämpft und versucht, diesen Augenblick möglichst weit hinauszuzögern, oder umgekehrt sich selbst als den Sterbenden dazu bringt, »loszulassen« oder sich gar erleichtert (»erlöst«) seinem Schicksal zu fügen.

So eng das Bewusstsein grundsätzlich an körperliche Vorgänge gekoppelt ist, so bewertet es im Einzelnen durchaus unterschiedlich sogar dasselbe physische Ungleichgewicht oder dasselbe labile Gleichgewicht eines Individuums. So wird derselbe Gleichgewichtszustand eines körperlichen Wohlbefindens nach der Genesung von einer schweren Krankheit von einem Individuum als sehr viel intensiver und dankbar beglückter empfunden werden als vor Ausbruch der betreffenden Krankheit, obwohl in beiden Fällen die medizinischen Parameter genau dieselben waren. Denn in die Bewertung durch das Bewusstsein geht das ganzheitliche Erleben auch in seinem zeitlichen Verlauf mit ein.

Da wir sagten, dass die andauernde Spannung zwischen Ungleichgewicht und labilem Gleichgewicht bei allen Lebewesen über Photonen auf quantischen Vorgängen beruhen, wäre als Nächstes nach der Rolle eben dieser Photonen bzw. Lichtquanten zu fragen, welche, je nach der Position des physikalischen Beobachters, auch als elektromagnetische Wellen gedeutet werden können.

## Elektromagnetische Wellen bzw. Lichtquanten (Photonen) als »Träger« des Bewusstseins

Das immense Gesamtspektrum der elektromagnetischen Wellen bestimmt in vielfacher Hinsicht das Leben auf unserem Planeten. Das sichtbare *Licht* wurde seit dem Bestehen der Menschheit als Ausdruck des Lebens sowie des Göttlichen empfunden. Schon seit Beginn der Menschheit spürten die Menschen intuitiv, dass es die Grundlage des Lebens ist. Heute wissen wir, dass das für uns sichtbare Licht ein winziger Ausschnitt aus dem Gesamtspektrum der elektromagnetischen Wellen ist, welche die Grundlage sämtlicher biochemischer Vorgänge in den Lebewesen sind. Das für uns sichtbare Licht hat Wellenlängen zwischen etwa 380 und 780 Nanometer (nm) und Frequenzen von etwa 790 bis 380 Terahertz. (Ein Hertz, abgekürzt Hz, ist eine Schwingung pro Sekunde, ein Terahertz eine Billion Schwingungen pro Sekunde.) Eine genaue Grenze lässt sich nicht ziehen, da die Empfindlichkeit des Auges an den Wahrnehmungsgrenzen nicht abrupt, sondern allmählich abnimmt. Die an das sichtbare Licht angrenzenden Bereiche der Infrarotstrahlung mit Wellenlängen zwischen 780 nm und 1 mm und die Ultraviolettstrahlung mit Wellenlängen zwischen 10 nm und 380 nm werden häufig ebenfalls dem Licht zugerechnet. Dieses schmale Teilspektrum aus dem elektromagnetischen Gesamtbereich kann insofern als Geburtshelfer der Naturwissenschaft bezeichnet werden, als die erste systematische Erkundung der Natur mit den am Anfang dieses Buches erörterten Betrachtungen und Berechnungen des Lichts der Himmelskörper in den nordeuropäischen Sonnenobservatorien der Steinzeit begann. Aber das gesamte Spektrum der elektromagnetischen Wellen, zu denen auch das Licht gehört, ist sehr viel größer. Die Wellenlängen des nicht sichtbaren Bereichs elektromagnetischer Strahlung sind auf der kurzwelligen Seite durch die kleinstmögliche Länge, die Plancklänge, begrenzt, und auf der langwelligen durch die Größe des Universums, und hat Frequenzen, welche theoretisch die Grenzen von etwa 10 hoch −20 Hz und etwa 10 hoch +20 Hz nach beiden Seiten übersteigen können.

Einige Strahlungen scheinen für Lebewesen nicht so günstig zu sein. Mikrowellen in technischen Geräten im Küchenbereich mit einer Wellenlänge von ein bis hundert Zentimeter können bei hoher Konzentration Proteine zerstören, und Röntgenstrahlen mit sehr kleiner Wellenlänge verursachen in zu hohen Dosen bekanntlich leicht Krebs.

Zur alltäglichen Erfahrung unserer Zivilisation gehören auch Radio, Fernsehen und Handys, für die Informationen über den Erdball geschickt werden. Dafür nutzen sie elektromagnetische Wellen, die wir als Ultrakurzwellen, Mittelwellen oder Langwellen kennen, die aber allesamt deutlich größere Wellenlängen haben als das sichtbare Licht oder die Mikrowellen in der Küche. Das Bewusstsein, dass auf diese Weise heute durch unsere Körper immer gleichzeitig etwa 50 Fernsehprogramme und 500 Handy-Nachrichten hindurchgehen, trägt nicht gerade zu unserer Beruhigung bei, auch wenn diese Vorgänge nach bisherigen Erkenntnissen keine physischen Schäden in uns zurückzulassen scheinen. Es können offensichtlich elektromagnetische Wellen unterschiedlicher Wellenlänge am selben Ort existieren, ohne sich gegenseitig zu stören. Denn festzuhalten ist, dass in lebenden Systemen alle chemischen und biochemischen Prozesse auf elektromagnetischer Wechselwirkung beruhen und sich im Nervensystem auf die dortige Informationsverarbeitung auswirken.

James Clerk Maxwell ist die mathematische Formulierung der Erkenntnis zu verdanken, wie ein sich änderndes elektrisches Feld ein Magnetfeld erzeugt und wiederum ein sich änderndes Magnetfeld ein elektrisches Feld. Eine elektromagnetische Welle ist daher eine Welle aus gekoppelten elektrischen und magnetischen Feldern. Dieser Wellenaspekt, der in der klassischen Physik ausgiebig erforscht wurde, wurde Anfang des 20. Jahrhunderts durch den Quantenaspekt ergänzt. Jede Welle kann auch als eine Folge von Teilchen, den Photonen, betrachtet werden. Dabei ist die Energie der Photonen umso größer, je kürzer die Wellenlänge der Strahlung ist, umso kleiner, je länger die Wellen der Strahlung sind. Je nach Situation kann man bei jeder elektromagnetischen Welle entweder den Teilchen- oder den Wellencharakter hervorheben. Diese elektromagnetischen Kräfte werden auch wirksam, wenn sich Atome zu Molekülen verbinden.

Nach der für unser heutiges Denken typischen, aber künstlichen Trennung zwischen den verschiedenen naturwissenschaftlichen Disziplinen zeigen die gängigen graphischen Darstellungen des physikalisch relevanten elektromagnetischen Gesamtspektrums dieses nur im Bereich zwischen Wechselstrom, Radiowellen, Radar, dem Lichtspektrum, Röntgen-, Gamma- und Höhenstrahlung.[44] Aber auch die Wellen, die von den elektromagnetischen Aktivitäten im Gehirn als Spannungsschwankungen an der Kopfoberfläche erscheinen und in der Elektroenzephalographie (EEG) zu diagnostischen Zwecken aufgezeichnet werden, sind elektromagnetische Wellen. Sie werden in dem üblichen Gesamtspektrum der elektromagnetischen Wellen nicht mehr aufgezeichnet, aber haben eine sehr wichtige diagnostische Funktion in der Medizin. Wenn zum Beispiel diese Wellen im EEG nicht mehr zu erkennen sind, ist dies ein wichtiger Hinweis auf einen eingetretenen *Hirntod*, und der Verstorbene wird gegebenenfalls zur Organspende freigegeben. Diese vom Gehirn ausgesandten Wellen werden in verschiedene Gruppen eingeteilt. Gammawellen zeigen konzentrierte geistige Tätigkeit an und haben Längen von dreitausend bis zehntausend Kilometern und Frequenzen von 70 bis 38 Hz. Als Betawellen bezeichnet man Wellenlängen von über zehntausend Kilometern mit noch geringerer Frequenz. Sie weisen auf gute Aufmerksamkeit hin. Alphawellen mit Wellenlängen von etwa dreißigtausend Kilometern weisen auf Entspannung und mehr nach innen gerichtete Aufmerksamkeit hin. Thetawellen, die in der Hypnose oder der Meditation auftreten, sind sogar um die fünfzigtausend Kilometer lang, und schließlich die Tiefschlafphasen anzeigenden Delta-Wellen bringen es auf Wellenlängen von über 100 000 bis 300 000 km, reichen also fast bis zum Mond.

Was für den Bereich des sichtbaren Lichts gilt, nämlich dass elektromagnetische Wellen aufgrund der Doppelnatur des Lichts in der Sprache der Quantentheorie auch »Lichtquanten oder Photonen« sind, gilt auch für das gesamte Spektrum der elektromagnetischen Strahlung, sowohl für die Informationsverarbeitung in technischen Geräten wie den Handys als auch für die in jeder Zelle in den Lebewesen millionenfach auftretenden elektromagnetischen Wechselwirkungen, die für den Auf- und Abbau von Molekülen verantwortlich sind. Die im EEG zu messenden Wellen allerdings haben so wenig Energie, dass man einzelne dieser Photonen mit unseren Apparaten gar nicht messen kann. Nur weil sie so milliardenhaft im Gehirn produziert und nach außen transportiert werden, kann dieser Photonenstrom als besonders lange Welle registriert werden.

Die Träger sämtlicher von den Sinnesorganen von außen aufgenommenen Informationen sind zunächst als elektromagnetische Wellen immer wegen ihrer Quantenstruktur auch Photonen, genauso wie die Lichtquanten. Die Informationen wechseln ihren Träger und werden als virtuelle Photonen über Ionentransport entlang den Nervenbahnen zu anderen Nervenzellen und Zellkomplexen im Gehirn geleitet und verarbeitet. Schon dieser Weg der Nervenbahnen mit ihren verschiedenen, durch frühere Erfahrungen gewachsenen Verzweigungen und ihren hemmenden oder aktivierenden Verbindungen (Synapsen) fügt den von außen kommenden Informationen weitere, bisher in Neuronen gespeicherte Informationen aus dem Lebewesen hinzu. Im Gehirn wird die Information in den Nervenzellen immer wieder auf weitere Photonen übertragen, und dies bewirkt Veränderungen in den Energieniveaus von Molekülen. Die dabei ablaufenden elektromagnetischen Wechselwirkungen verändern auch die Photonen wieder, zum Beispiel in ihrer Richtung oder ihrer Polarisation, und sie ergänzen damit die von außen kommenden Informationen mit in den Lebewesen gespeicherten Informationen.

Auf diese Weise werden im Gehirn die meist sehr komplexen, aber noch bedeutungsfreien elektromagnetischen Schwingungen des sichtbaren Lichts, die Schallwellenstruktur von Geräuschen und die ebenfalls meistens vielfältige, aber noch bedeutungsfreie chemische Struktur von Gasgemischen usw. mit einer oder mehreren Bedeutungen versehen.[45] Da die ins Gehirn gelangenden Photonen sowohl die Information über die Außenwelt als auch über die Nervenbahn mit sich bringen, kann das Gehirn diese Photonen mit umfangreicherer Bedeutung versehen. So werden Farbmixturen zu Bildern, Schallwellenkomplexe zu Klängen und Gasgemische zu Gerüchen. Diese Bedeutungen sind meist erlernt und subkortikal gespeichert. Die ankommenden Photonen werden mit passenden subkortikalen Erfahrungen verglichen, auf diese Weise mit zusätzlicher Bedeutung versehen und zu einem komplexen Gesamterlebnis geformt, das uns beispielsweise die Erfahrung vermittelt, dass wir auf einer Frühlingswiese mit duftenden Blüten stehen, den Vogelgesang und den leichten Wind in den Bäumen hören, und die leichte Brise gleichzeitig mit der wärmenden Sonnenstrahlung auf unserer Haut spüren.

Dieses Zusammenführen der einzelnen Informationen in eine ganzheitliche Erfahrung und Wahrnehmung im geistigen Sinne ist typisch für quantenphysikalische Vorgänge, wie sie auf materieller Ebene bei der Bildung von Molekülen aus Atomen zu beobachten sind. Wasserstoff und Sauerstoff sind zwei Gase. Wenn sie sich durch die elektromagnetische Wechselwirkung miteinander zu Wasser verbinden, entsteht etwas völlig Neues, was die Chemiker inzwischen durch quantenphysikalische Berechnungen voraussagen und begründen können. Dieses ist eben nicht die Summe seiner Teile, sondern etwas Ganzes, was eher als Produkt der verschiedenen Eigenschaften auf Quantenebene zustande kommt.

Die bei dieser Informationsübertragung sehr zahlreich verwendeten elektromagnetischen Kräfte entsprechen in ihren Wellenlängen nicht dem sichtbaren Licht. Das ist sinnvoll, da die Wellen des für uns sichtbaren Lichts in der Gehirnmasse nicht weit kommen würden. Um die verschiedenen, weit auseinander liegenden Hirnareale zu verknüpfen, sind sehr viele größere Wellenlängen erforderlich, die im Gehirn bei der Verbindung der verschiedenen eingehenden Informationen gebildet werden. Heutzutage können die elektromagnetischen Vorgänge im Gehirn mit bildgebenden Verfahren in der Computertomographie sichtbar gemacht werden. Was aber sichtbar wird, ist nur die Energieverteilung im Gehirn, nicht die Bedeutung der damit transportierten Information. Denn diese hat ja zunächst nur für das individuelle Lebewesen eine Bedeutung und ist daher mit rein physikalischen Messmethoden nicht erkennbar.

Schon lange bevor man mit der Computertomographie diese Aktivitäten messen konnte, konnte man mit dem EEG langwellige, aus der Schädeldecke austretende Gehirnströme messen. Im Gegensatz zum sichtbaren Licht können diese langwelligen Gehirnströme ungehindert durch die Gehirnmasse und die Schädeldecke nach außen dringen. Zu der Frage, was diese Wellen genau sind, kann man sich durchaus verschiedene Deutungen überlegen. Ob es diejenigen Photonen sind, die im subkortikalen Gewebe im Gedächtnisbereich gespeicherte »unterbewusste« Informationen in den in der Hirnrinde lokalisierten Bereich des Bewusstseins transportieren und dann wieder irgendwo in der Atmosphäre verschwinden? Oder sind es die virtuellen Möglichkeiten, die nicht realisiert wurden und nun als zu energiearmen Photonen kondensierte Protyposis ins All entschwinden? Denn die Quantenphysik ist ja eine Physik der Möglichkeiten.[46] Und wenn eine Möglichkeit realisiert wird, gibt es die anderen Möglichkeiten nicht mehr und die damit verbundene Information entschwindet ins All. Oder ob es die Schwebungen sind, die als sehr langwellige Wellen entstehen, wenn sich Wellen mit minimal unterschiedlicher Wellenlänge überlagern? Jedenfalls werden uns diese Wellen mit ihrer sehr großen Reichweite noch im weiteren Verlauf dieses Buches beschäftigen.

Diese in unserem Gehirn und unserem ganzen Körper ablaufenden quantischen Vorgänge, die auf Photonen beruhen, also auf den Elementarteilchen, die in einem anderen Frequenzbereich von uns auch als das Licht wahrgenommen werden, treten nicht etwa lediglich da und dort vereinzelt auf. Sie ereignen sich bei einem quantischen Verarbeitungsprozess immer mit sehr zahlreichen Photonen, gleichzeitig oder einander ablösend, in jedem Sekundenbruchteil vielmilliardenfach in unzähligen Zellen.[47]

Verblüffenderweise haben die Menschen schon lange vor diesen wissenschaftlichen Erkenntnissen in unserem alltäglichen Sprachgebrauch Begriffe verwendet, in welchen das Licht als Metapher für Denkvorgänge benutzt wird. Dies ist beispielsweise der Fall, wenn wir von »Erleuchtung«, einem »strahlenden Gesicht« oder »Geistesblitzen« sprechen oder sagen, »Ihm geht ein Licht auf«. Umgekehrt reden wir auch von geistiger »Umnachtung« oder »Unterbelichtung«. Die ganze, etwa zwischen 1650 und 1800 n. Chr. anzusiedelnde vernunftbetonte Kulturepoche des Abendlands bezeichnen wir gar als das Zeitalter der *Aufklärung*. Es wirkt, als hätten die Menschen intuitiv wahrgenommen, dass die Denkvorgänge im Zusammenhang mit dem Licht im weitesten Sinne stehen, oder zumindest von derselben physikalischen Qualität sind, so wie wir das heute wissen. Da bei den je intensiveren Denkprozessen solcher Art eine umso größere und umso konzentriertere Menge von in den Kopfbereich eingehenden und von dort gleichzeitig ausgesandten (unsichtbaren) Photonen bzw. *Licht*quanten (in der oben angedeuteten Vielmilliarden-Größenordnung) beteiligt sind, mag es auch nachvollziehbar sein, dass sich dieses intensive und energiereiche Geschehen auch für den Außenstehenden wie ein »Strahlen« oder wie eine besondere »Helligkeit« »anfühlt«.

Dass sichtbares, aber nicht gesehenes Licht möglicherweise von irgendwelchen Hautrezeptoren wahrgenommen werden kann, zeigt ein vom sowjetischen Psychologen Alexej N. Leontjew (1903–1979) durchgeführtes Experiment. Dort befähigte er Versuchspersonen, Licht allein mit der Handfläche zu spüren. Von einer Lichtquelle in einem Kasten unter einer Tischplatte wurde Licht mit Hilfe von Prismen durch eine kleine Öffnung geleitet, nachdem die Versuchspersonen ihre Hand durch eine Manschette in den Kasten geführt hatten. Um eine Wärmestrahlung der Lichtquelle zu eliminieren, wurde das Licht durch ein Kühlsystem geleitet. Neben der Öffnung in der Tischplatte befand sich eine mit einem Stromkreis verbundene Taste, über die unmittelbar nach jeder Aussendung eines Lichtstrahls ein schwacher elektrischer Reiz abgegeben wurde. Diesen konnten die Probanden vermeiden, indem sie sofort nach dem Erspüren eines Lichtstrahls den Finger wegzogen. In einer ersten unsystematischen und längeren Versuchsreihe ohne Erläuterungen zeigten die Probanden keine Reaktionen. Nach einer entsprechenden Instruktion aber zogen alle am Versuch Beteiligten schon nach etwa dreißig Wiederholungen ihren Finger »geistesgegenwärtig« immer genau rechtzeitig von der Taste weg und zeigten damit, wie rasch und verlässlich sie eine Wahrnehmung des für sie unsichtbaren Lichtstrahls auf der Haut »gelernt« hatten. Sie gaben danach auch dementsprechend zu Protokoll, dass sich der unsichtbare Lichtstrahl wie ein »Rieseln auf der Handfläche«, ein »leichter Luftzug«, ein »leichtes Zittern« oder wie ein »Streifen durch den Flügel eines Vogels« angefühlt hätte.[48]

In diesem Zusammenhang dürfte erwähnenswert sein, dass in der biologischen Evolution besonders lichtempfindliche Haut-Pigmentzellen in frühen ein- oder mehrzelligen Augenflecken die Vorläufer für die Entwicklung von eigentlichen bilderzeugenden Augen waren. Darauf aufbauend entwickelten sich echte Augen seit dem Beginn des Kambriums vor etwa 540 bis 485 Millionen Jahren, als infolge veränderter Umweltbedingungen im Meer (u. a. erhohter Sauerstoff-Anteil) fast alle heutigen Tierstämme entstanden.

Die lebenswichtige Bedeutung des Lichts als Grundlage sämtlicher biochemischer Vorgänge hat dieses bereits in der Frühzeit der Menschheit zu einer der zentralen Metaphern auch für das übernatürlich Göttliche werden lassen. So ist der kosmische Kampf zwischen Licht und Finsternis ein zentraler Aspekt der vorchristlichen Religion des Zoroaster. Auch die poetischen Schriften der großen mystischen Dichter orientalischer Länder, wie etwa in denen von Dschalal ad-Din ar-Rumi aus Persien im 13. Jahrhundert, kreisen um das *Licht* als um ein Göttliches und Irdisches umfassendes Grundprinzip des Seins. *Licht* als Metapher für das Göttliche ist auch im Alten und im Neuen Testament ein beherrschendes Thema: vom brennenden Dornbusch (Ex 3,2) über Gott als Feuersäule vor den durch die Wüste ziehenden Israeliten (Ex 31,21 ff.) bis hin zu Jesus als dem Licht der Welt besonders im Johannes-Evangelium. Im Koran ist Allah das Licht des Himmels und der Erde und sein Licht gleicht einer Nische, in der sich eine Lampe befindet (Sure 24,35). Und im Kontext asiatischer Religionen ist die innere Erleuchtung das höchste Ziel der spirituellen Wege und unterscheidet sich deutlich von einfacheren mystischen Erfahrungen. Dem Begriff der Erleuchtung (im Sanskrit: *bodhi*) kommt insbesondere im Buddhismus eine wichtige und zentrale Bedeutung (Buddha als der »Erleuchtete«, eigentlich als der »Erwachte«) zu.

Dies ist ein weiterer Hinweis darauf, wie sehr seit dem Bestehen der Menschheit das für elektromagnetische Aktivitäten in unserem Gehirn lebenswichtige »Licht« auf unterschiedlichen, teilweise in Analogie zueinander stehenden Ebenen ein bedeutsamer Informationsträger unseres Bewusstseins ist. In dementsprechend vielfachen Varianten hat ein vorwissenschaftliches Gespür für diese Wirklichkeit schon seit langem bis heute maßgeblich unser Denken und Fühlen und unsere Alltagssprache mitbestimmt.

# V. Kosmische Dimensionen von Wahrnehmung, Erinnerung und Erleben als elektromagnetische Quanteninformationsverarbeitung

## Das Ende des Dualismus

Während meiner Gymnasialzeit verbrachte ich (F.M.) zusammen mit meinen Eltern einige Male meine Sommerferien auf »Ischia«. Die unweit von Neapel gelegene Insel war Mitte der fünfziger Jahre touristisch noch kaum erschlossen und die Lebensverhältnisse waren entsprechend schlicht und ärmlich. Dies zeigte auch deutlich die schwache elektrische Beleuchtung auf den abendlichen Straßen und Plätzen in den Ortschaften. Die Wege an der Peripherie blieben nachts so dunkel, dass man umso stärker den nächtlichen, im Hochsommer besonders dichten und hellen Sternenhimmel sehen konnte. Ich erinnere mich, wie mein Vater mich einmal auf dem völlig unbeleuchteten Weg zu unserem Mietshaus auf die unvorstellbar große Entfernung jener Sterne von uns, auf die unermessliche Größe und Weite des Himmels und die Winzigkeit von uns Menschen und unserer Erde innerhalb dieser »Unendlichkeit« aufmerksam machte. In der Einsamkeit und Verlorenheit unter dem riesigen, funkelnden Lichtermeer der Sterne und der Milchstraße sprach in diesem Augenblick aus den Worten meines Vaters so viel Nachdenklichkeit und Ergriffenheit, ja Demut, dass sich bald eine fast andächtige Stimmung mit einer Mischung aus Bewunderung und einer gewissen Verunsicherung meiner bemächtigte, die ich bis heute nicht vergessen habe.

Dies blieb allerdings ein vom bewegten Alltag weitgehend abgehobenes Erlebnis, dessen Geheimnischarakter mir mit dem lückenlos in sich geschlossenen, deterministischen System der klassischen Naturwissenschaften wenig zusammenzupassen schien. Es gehörte eher in das von den Naturwissenschaften völlig getrennte Reich der Phantasien und Träume und letztlich der Illusionen. Ich betrachtete die für viele Naturwissenschaftler als spekulativ, ja verstiegen geltende Frage nach unserer Herkunft, nach dem Sinn des Lebens und nach unserer Bestimmung als weit von den nüchternen Fakten unseres alltäglichen Lebens entfernt. Erst bei meinem viel späteren Versuch, quantische Phänomene zu erfassen und mit Vorstellungen zu füllen, wurde mir deutlich, dass wir dadurch unserer eigenen menschlichen Natur, unseren Erfahrungen, unserem Denken und Fühlen, ja der Welt unserer Phantasien sehr viel näher kommen können als mit dem starren Weltbild der mir noch aus der Schulzeit bekannten, klassischen Physik, welches eine strenge Trennung zwischen Natur und Geist postulierte. Besonders mit der neuesten Weiterentwicklung der Bohr'schen »Kopenhagener Deutung« der Quantenmechanik[49] konnte ich später leicht nachvollziehen, »dass sowohl der Teil der Physik, der die Welt durch Fakten erfasst – die klassische Physik – als auch der, der sie in ihren Möglichkeiten beschreibt – die Quantentheorie – für eine auch mit den Alltagserfahrungen übereinstimmende Erfassung der Welt benötigt wird«.[50]

Dies zeigt erneut, dass die Quantenphysik keinesfalls die klassische Physik »ablöst«, sondern sie dort *ergänzt* und *weiterführt*, wo jene bei der Beschreibung unserer Wirklichkeit allein nicht mehr weiterkommt. Für eine Gesamtsicht unserer Wirklichkeit muss uns die faktische und die quantische Beschreibung im Blick bleiben und sich ständig gegenseitig ablösen. So entsteht ein dichtes Geflecht von Wirkungssträngen bzw. eine »dynamische Schichtenstruktur«, in der eine Beschreibung der Fakten und eine Beschreibung von Möglichkeiten und Beziehungen immer eng miteinander verschränkt bleiben. Solange es um die annähernde Beschreibung unserer materiellen Wirklichkeit geht, ist die klassische Physik zuständig. Sie ermöglicht aufgrund der Zusammenführung quantischer Möglichkeiten zu einem faktischen Ganzen die für die klassische Physik typische deterministische, wenngleich oft nichtlineare Beschreibung der Entwicklung der Fakten. Sobald man aber in eine ganz genaue Beschreibung der tiefsten Strukturen der Materie einsteigen will, und ebenso an den Stellen, an denen aufgrund der Instabilität der betreffenden Systeme die deterministische Beschreibung nicht mehr ausreicht, gabelt sich aus dem breiten Weg der faktischen und eindeutigen Beschreibung ein ganzer »Fächer von Möglichkeiten« heraus, in dem man zu einer Quantenbeschreibung verschiedenster Möglichkeiten übergeht. Mit der Realisierung einer dieser Möglichkeiten kann dann der breite Fächer quantischer Möglichkeiten wieder in eine neue faktendeterminierte Beschreibung einmünden bis zur nächsten Ausfächerung in neue quantische Möglichkeiten.[51]

Dieses Verhältnis zwischen klassisch physikalischen Fakten und quantischen Möglichkeiten lässt sich leicht auf Bewusstseinsvorgänge übertragen. Feste Gewissheiten und mehr oder weniger vorhersagbare und scharf umrissene, logisch stringente Gedankengänge wechseln sich mit mehrdeutig unsicheren, mehr bildbesetzten und affektbetonten quantischen Denk*möglichkeiten* ab, welche sich uns aus irgendwelchen außen oder innen erspürten Kanälen eröffnen. Diese quantischen Denkmöglichkeiten sind kurzlebig, ambivalent und sprunghaft, aber dafür mehr ganzheitlich, freier und kreativer umsetzbar, und sie können oft Weichen für den weiteren Denkprozess stellen.

Das bedeutet, dass in einer Physik der Möglichkeiten und

der Beziehungen ein sogenanntes »Bauchgefühl«, eine instinkthaft *intuitive* Eingebung oder eine »eingehauchte« künstlerisch kreative *Inspiration* nicht mehr als »Einbildung« abgetan werden können, die mit der Physik unvereinbar sei. Auch das Erlebnis von Fassungs- und Sprachlosigkeit angesichts eines »Wunders« braucht nicht mehr als schöngeistiger, gedanklicher »Luxus« angesehen werden. Vielmehr kann die intuitiv inspirierende Form unseres Denkens als möglicher und dem rational logischen Denken gleichwertiger Bewusstseinsaspekt gelten. Selbst die Vorstellung des Geistigen als Grundlage unserer Welt, zu dem man in Beziehung treten kann, das man anreden und das die Welt beeinflussen kann, widerspricht nicht mehr unbedingt den Erkenntnissen der Physik. Damit ist erst recht unser ganzes Bewusstsein mehr als nur ein zu vernachlässigendes Epiphänomen biologischer Evolution, wie das manche Naturwissenschaftler immer noch behaupten.

Wenn man diesen Teil unseres Erlebens ernst nimmt, kommt man unter Umständen zu ganz neuen Einsichten, die uns neue Möglichkeiten eröffnen. So wurde den Menschen bereits im sechsten Jahrhundert vor Christus ihr Denken so bewusst, dass sie dieses ausweiten und davon profitieren konnten. Auch zu Beginn der Neuzeit konnten die Menschen ihren Wissenserwerb systematisieren und die Naturwissenschaften entwickeln. Genauso könnte es auch heute von Nutzen sein, die vagen Anteile unseres Denkens, die Intuitionen, die kreativen Einfälle, die tiefen emotionalen Betroffenheiten und Ähnliches ernstzunehmen, ihrem Grundgehalt auf einer neuen quantenphysikalischen Basis nachzuspüren und ihn zu vertiefen, um so leichter mit diesen Phänomenen umzugehen, sobald wir mit ihnen konfrontiert werden.

## Intuition, Inspiration und Phantasie

Intuition begleitet unser Leben ständig, ohne dass uns dies immer bewusst ist. Man sagt, jemand habe intuitiv das Richtige getan oder, wie bereits gesagt, »aus dem Bauch heraus« eine Entscheidung gefällt.

Zunächst ein ganz alltägliches Beispiel. Schon bei einem raschen Blick in die Augen eines uns bisher unbekannten Menschen können wir oft auf Anhieb, wieder intuitiv, sehr viel mehr als das herauslesen, was uns dieser Mensch gezielt lesen lassen möchte (z. B. Freundlichkeit, Jovialität oder aber eine starre Maske). Was uns diese Augen darüber hinaus manchmal unkontrolliert, verborgen und »blitzartig« an Informationen übermitteln (z. B. paranoides Misstrauen und Verschlagenheit oder umgekehrt mitleiderregende Verletzlichkeit oder auch Güte), wirkt auf uns in Anbetracht von dessen »Untrüglichkeit« meistens sehr viel stärker und nachhaltiger, überzeugender oder gar erschreckender (oder im Gegenteil erfreulicher). Es ist für uns ein »Hinweis« auf das »wahre« Wesen dieses Menschen oder zumindest auf einen wesentlichen Aspekt von ihm. So erscheint uns die allgemein überlieferte, praktische Lebensweisheit, wonach für das Urteil über einen Menschen immer der erste und der dritte Blick maßgeblich sind (und weniger dessen zweite, von der Ratio diktierte Zwischenstufe), oft nur als allzu wahr.

Was läuft dabei ab? Ist es nur unsere Erfahrung mit den Tausenden von Menschen, denen wir schon in die Augen geschaut haben, und ermöglicht uns diese Erfahrung als unentwirrbarer, sorgsam zu hütender Schatz dieses schnelle Urteil? Oder können wir Zusatzinformationen wahrnehmen, die wir nicht wirklich sehen, aber die von dem anderen Menschen ausgehen? Es gibt Leute, die behaupten, manche Menschen hätten eine Aura um sich herum, die man sehen könne. Gibt es Menschen, die das wirklich selbst sehen können und es nicht nur »nachbeten«, weil andere das von sich behaupten? Und wenn dem so ist, was geschieht dabei? Was nehmen sie dann wahr? Ist dies dasselbe, was andere meinen, wenn sie sagen, jemand hätte eine bestimmte »Ausstrahlung«? Ist es etwas, was viele Menschen wahrnehmen könnten, wenn sie es trainiert hätten?

Ein besonders prägnantes Beispiel für den Wechsel zwischen streng logisch-faktischem Denken im Sinne der klassischen Physik und der quantischen Form des Denkens mit seiner Verästelung in lauter unterschiedliche Denkmöglichkeiten, aus der dann plötzlich Beziehungen erkennbar werden und etwas Neues entsteht, ist die sogenannte *Heureka*-Erfahrung.

Diese Erfahrung machte nicht nur Archimedes, als er in der Badewanne die Lösung für ein technisch-naturwissenschaftliches Problem fand und völlig beglückt ausrief: »Heureka!« – »Ich habe es gefunden!« – Vielmehr erleben sehr viele Menschen auf ganz unterschiedlichen Gebieten ähnlich intensive und oft beglückende Momente. Manchmal bewegt uns ein Problem, eine Frage oder eine Sorge, die all unsere Alltagshandlungen als Unruhegefühl begleitet. Oder wir knobeln an einem wichtigen, ganz konkreten Problem, das gelöst werden muss, oder nicht einmal das ist der Fall. Wir befinden uns dann jedenfalls an dem offenen, mehr oder weniger spannungsreichen Punkt, an dem die Welt der Fakten sich in einen aus sehr vielen Denk- und Handlungsmöglichkeiten bestehenden Fächer geöffnet hat. Mit dieser unbestimmten und unsteten Form des quantischen Denkens erhalten wir die Chance, die sich uns jetzt neu und frei bietenden Möglichkeiten in kreativer Weise zu nutzen. Aber unsere Gedanken springen im Halbbewussten unklar und flüchtig von einer Möglichkeit zur andern. Manchmal sind

wir bestrebt, die Vielfalt unserer noch unklar gärenden Anmutungen durch selektive Bewertung unserer Sinnesein-
drücke oder unseres inneren Bilderlebens und der dadurch
ausgelösten Emotionen durch die *Ratio* wieder in einen
möglichst sicheren Ordnungszusammenhang zu bringen.
Dieser oft schrittweise sich vollziehende Vorgang der Struk-
turierung löst jedoch keinesfalls den emotionalen Zustand
während der irrationalen Eingangsphase ab, verringert ihn
nicht einmal.

Gelegentlich führt dieser Bewertungsversuch auf rationaler Ebene zu einer plötzlichen, dramatischen Erhellung im
Sinne eines »Heureka«, eines als ganzheitlich empfundenen,
inneren Erleuchtungs- und Erweckungserlebnisses und zu
einer wie ein Geschenk empfundenen, neuartigen Grund-
erkenntnis, die den Charakter einer »privaten Offenbarung«
annehmen kann. Dieser Moment kommt allerdings meist
nicht, während wir rational unsere Unklarheit lösen wollen,
sondern oft in einem Moment der Entspannung, in dem wir
uns mit einem ganz anderen Inhalt beschäftigen. So kann
etwa die Schönheit eines Gedichts, eines zutiefst anrühren-
den Musikstückes, eines Kunstwerks oder eines überwältigenden Naturschauspiels plötzlich zu dieser klaren Lösung
führen. Gedanken, Bilder, Einfälle oder Anmutungen können uns aus unserem Inneren überfallen. Diese neugewon-
nene, aufwühlende und zugleich beglückende Erkenntnis
entwickelt sich dann in der Regel zu einer rationalen, genau
ausformulierbaren Gewissheit. Auf diese Weise kann wieder
der übliche Weg des klar umgrenzten, rationalen Denkens
beschritten werden, bis zur nächsten »Klippe«.

Als Beispiel dafür findet sich ein besonders aussagekräfti-
ger Passus in dem weniger bekannten »Bericht eines Pilgers«
von Ignatius von Loyola.

Wie er nun so dasaß, begannen die Augen seines Verstandes sich ihm zu eröffnen. Nicht als ob er irgendeine Erscheinung gesehen hätte, sondern es wurde ihm das Verständnis und die Erkenntnis vieler Dinge über das geistliche Leben sowohl wie auch über die Wahrheiten des Glaubens und über das menschliche Wissen geschenkt. Dies war von so einer großen Erleuchtung begleitet, dass ihm alles in neuem Licht erschien.[52]

Ein anderes, uns überliefertes Beispiel beschreibt den Vorgang einer musikalischen Eingebung. Der Ausgangspunkt ist hier nicht ein nach Lösung verlangendes Problem in angespannter Suchhaltung, sondern im Gegenteil eine von Ruhe und Offenheit gekennzeichnete Alltagssituation, in die unerwartet ein ganzer Fluss von Eingebungen »einbricht«. So beschreibt Wolfgang Amadeus Mozart in einem Brief aus dem Jahr 1790 an seinen Gönner Baron Gottfried von Swieten seine musikalischen Eingebungen folgendermaßen:

Wenn ich recht für mich bin und guter Dinge, etwa auf Reisen im Wagen, oder nach guter Mahlzeit beym Spatzieren, und in der Nacht, wenn ich nicht schlafen kann, da kommen mir die Gedanken stromweis und am besten. Woher und wie, das weiß ich nicht, kann auch nichts dazu.

Betrachten wir diese unterschiedlichen Formen der »Erleuchtung« einmal unter quantenphysikalischem Aspekt, so können wir sie vielleicht folgendermaßen beschreiben: Wir befinden uns im alltäglichen Zustand mit dem Schwerpunkt auf dem faktisch-rationalen Denken, ob bei der bewussten Suche nach einer drängenden Problemlösung oder unbefangen in einem Zustand angenehmer Entspannung. In irgendeinem dieser Momente jedoch, der Pilger auf der Rast, der

Musikschöpfer bei seinen alltäglichen Verrichtungen, der Ästhet beim mußevollen Lesen eines Gedichts usw., sehen wir uns dem geöffneten Fächer der quantischen Möglichkeiten gegenübergestellt, ja, uns in gewissem Sinne ihm sogar ausgesetzt zu sein.

Das unerwartete Ergebnis wird nicht als selbsttätig erarbeitet erlebt, sondern als ein mit einer völlig überraschenden, lichtvollen Eingebung oder einem »Ein-fall« verbundenes Geschenk, besonders wenn es in einem unerwarteten Moment auftaucht. Könnte es sein, dass hier die überraschenden, unserem Erleben und Denken oft eine Wende gebenden Anmutungen, Phantasien und Eingebungen nicht nur durch eine Zusammenschau der in uns gespeicherten Informationen zustande kommen, sondern tatsächlich von außen als Quanteninformationen über sehr lange elektromagnetische Wellen, beziehungsweise sehr energiearme, nicht sichtbare Photonen? Denn so wie aus unserem Gehirn die im EEG gemessenen sehr langen Wellen austreten, so könnten ja auch einzelne, in ihrer Vereinzelung nicht messbare elektromagnetische Wellen in dieser ungeheuren Größendimension von mehreren hunderttausend Kilometern Wellenlänge von uns als Informationsträger aufgenommen werden. Dies geschieht jedoch nicht über unsere üblichen Sinnesorgane und deren Nervenbahnen zum Gehirn, sondern als großräumige, durch die Schädeldecke eintretende Protyposis, die möglicherweise geeignet ist, in diesem Augenblick bei uns alle Informationen von außen und innen zu einer Ganzheit zusammenzufassen und damit bedeutungsvoll wird. Auch diese sehr langen elektromagnetischen Wellen breiten sich ja zunächst in alle Richtungen aus. Sie können, da sie Photonen sind, an geeigneter Stelle auch Information übertragen, und diese Protyposis wird von unserem Gehirn als dem sichtbaren Licht verwandt erkannt und daher leicht auch als Licht erlebt. Solch ein energiearmes Photon könnte dann mit unserem schon im Inneren bereitgestellten Wissen den entscheidenden Ausschlag für das Bilden einer neuen Ganzheit in Form einer höheren Erkenntnis geben. Als unser Leben oft einschneidend verändernde, aber uns allenfalls nebulös bewusst zur Verfügung stehende Wahrnehmungen wandeln möglicherweise die energiearmen Photonen in unserem Gehirn, meist plötzlich und blitzartig, bedeutungsfreie in bedeutungsvolle Informationen um zu einer ganzheitlichen, hellen und runden, oft glasklaren Erkenntnis.

Diese Möglichkeit einer Informationsübertragung könnte möglicherweise auch erklären, wie es kommt, dass im sechsten Jahrhundert vor Christus etwa gleichzeitig in Griechenland und im fernen China den Menschen die Möglichkeit des Denkens beziehungsweise die Weisheit als ein eigener Wert bewusst wurde. Denn es ist kaum wahrscheinlich, dass Händler diese Erkenntnis vom einen in das andere Land transportierten. Wir reden ja auch davon, dass eine Erkenntnis, eine Einstellung oder eine Form des Denkens »in der Luft liegt«.

Menschen im Trance- und im Schlaf- oder Halbschlafzustand sind möglicherweise noch empfänglicher für diese Art ganzheitlich intuitiver Anwandlungen, was sich dann in Träumen äußert. Aber da, anders als im wachen Zustand, eine rationale Verarbeitung erst nach dem Erwachen möglich ist, wird in der Regel jeder »Traum« durch das Erwachen beendet, es sei denn, man versucht ihn auf der Ebene der meditativen oder kontemplativen Versenkung weiter zu verarbeiten, zu vertiefen und ihm einen neuen realen Sinn zu verleihen.

C. G. Jung, der in seinen Psychotherapien sehr viel mit Träumen arbeitete und dadurch Zugang zu Tausenden von Träumen unterschiedlicher Menschen hatte, glaubte in vielen Träumen ganz bestimmte Archetypen zu erkennen, die er dem kollektiven Unbewussten einer Gesellschaft zuschrieb. Das heißt, er glaubte, dass es in jeder Gesellschaft typische Informationen, oft bildlicher Art, gibt, die viele Träger haben, unbewusst in den Menschen wirken und auf bestimmte Probleme hinweisen, auch wenn sie nicht explizit überliefert wurden. Und da sie vom kollektiven Unbewussten im Schlaf direkt in das Unterbewusstsein eines Menschen eindringen, kann man sich dagegen nicht wehren, nicht rational und planend damit umgehen, wenn man sie nicht durch Traumarbeit bewusst und so dem rationalen Denken zugänglich macht.

Als Nächstes sei eine Situation herausgegriffen, in der höchste geistige Aufmerksamkeit und Konzentration im Sinne eines als *Flow* bekannten Zustandes herrscht, ein freies, aber intensives Gefühl einer tranceartigen Vertiefung und ein restloses, fast rauschhaftes Aufgehen in einer Tätigkeit. Der Glücksforscher Mihály Csíkczentmihályi, ein amerikanischer Psychologe, fand heraus, dass die Menschen am glücklichsten sind, wenn sie sich mit aller Kraft selbstvergessen einer klar umrissenen Aufgabe widmen, die im oberen Bereich ihrer Leistungsmöglichkeiten angesiedelt ist, um etwas ihnen Wertvolles zustande zu bringen. Menschen, die in dieser Weise hohe Leistungen vollbracht hatten, berichteten von intensiven Glücksgefühlen. Diese stellten sich nicht erst ein, wenn die Leistung gelungen war, sondern auch schon vorher in der Phase, in der auf diese Leistungen hin gearbeitet wurde, selbst wenn die Situation nicht angenehm war, die Muskeln schmerzten oder man müde oder hungrig war. Dieses Glücksgefühl war mit einem besonderen Zustand verbunden, in dem die »geistige Energie« der Menschen völlig mit der Aufgabe verschmolz und alles andere um sie herum unwichtig wurde. Diese Menschen konzentrierten alle ihre Aufmerksamkeit auf die zu lösende Aufgabe, ohne sich zu schonen. Und sie erlebten gleichzeitig, dass ihnen durch diese Aufgabe Energie von außen zufloss und in einem Maße wuchs, das weit über ihre Alltagserfahrung hinausging. Sie hatten das Gefühl, quasi mit der Aufgabe eins zu sein und so über sich selbst hinaus zu wachsen. Das war ein Zustand höchsten Glücks, ein Fließen von Energie zu der Aufgabe und wieder zum Menschen zurück. Deshalb gab Czíkszentmihályi[53] diesem Zustand den Namen »Flow«.

Die Art der Aufgabe kann offensichtlich ganz unterschiedlich sein. Da gab es nicht nur den Wissenschaftler, der dieses Glück empfand, als er an einer großen wissenschaftlichen Aufgabe arbeitete, oder den Künstler, der ein schwieriges Stück zur Aufführung brachte, sondern ebenso den Bergsteiger, der eine schwierige Kletterpartie schaffen wollte, oder den Jugendlichen, der auf einer Party alles daransetzte, von den anderen wahrgenommen und anerkannt zu werden. Czíkszentmihályi berichtet auch von einem einfachen Fabrikarbeiter, der in seinem Beruf glücklich war, weil es ihm gelungen war, sich dort diese Flow-Erlebnisse zu verschaffen. Während alle seine Kollegen sehr unzufrieden mit ihrer eintönigen Arbeit in dieser hässlichen Umgebung waren, hatte er eine Methode entwickelt, die Maschinen seiner Fabrik ganz genau, mit allen Sinnen, zu beobachten, sich in sie einzufühlen und ihre Wirkungsweise wahrzunehmen. Ihm gelang dies schließlich so gut, dass er sämtliche Maschinen der Fabrik reparieren konnte und immer zur Hilfe gerufen wurde, wenn irgendwo etwas nicht funktionierte – und dies ohne jedes Ingenieurstudium.

Wenn, wie die Forscher heute glauben herausgefunden zu haben, unsere Welt sich seit dem Urknall zu immer komplexeren Strukturen entwickelt, dann ist das Geistige derzeit die höchste Form der Komplexität. Dann ist es auch gut vorstellbar, dass die Menschen, die so intensiv versuchen, ihnen wichtige, geistig hochstehende Ziele zu erreichen, in besonderer Weise offen sind für Energien, die tatsächlich durch sehr lange elektromagnetische Wellen aus dem Kosmos aktiviert werden.

Ein häufiges und leicht nachvollziehbares Beispiel dafür ist die Wiedergabe eines Musikwerks bzw. eines Teils desselben durch einen Instrumentalisten, Sänger oder Dirigenten.

Dazu erzählte uns ein befreundeter Dirigent, dass bei ihm in seinen Aufführungen oder Orchesterproben während herausragender musikalischer Momente häufig das Gefühl einer engen Verbundenheit mit dem gesamten Kosmos aufkäme. Ihm war dann so, als ob in diesem Augenblick das Ganze in sich und um ihn herum in umfassenden Zusammenhängen »in sich stimmig« und »in Ordnung« wäre, was manchmal auch von intensiven Glücksgefühlen begleitet würde. Wie für den Flow beschrieben, träten diese Gefühle am ehesten auf, wenn die Anforderungen an ihn weder in einer als Langeweile empfundenen geistigen Unterforderung noch in einer Überforderung bestünden, sondern im oberen Bereich seiner Möglichkeiten lägen. Das Gefühl konnte aber bei Überforderung auch leicht ins Gegenteil, in schwer zu ertragende Spannungen und Ängste umschlagen, die eine beim Dirigieren ohnehin erhöhte Herzfrequenz weiter in die Höhe treiben.

Als Beispiel für eine emotional spannungsgeladene, geradezu gefährliche musikalische Klippe nannte unser Freund den Anfang der zweiten Szene im dritten Aufzug von Richard Wagners »Tristan und Isolde«, in der Tristan, schwer verwundet, im Sterben liegt und fast irre vor Aufregung und Verzweiflung das erlösend heilsame Erscheinen Isoldes erfleht. Seine beschwörenden Worte werden von den Blechbläsern mit einem aufwühlenden, nicht enden wollenden Reigen eines immer dichteren und immer verrückter wirkenden Taktwechsels getragen. Plötzlich jedoch ebbt das ohrenbetäubend wilde Wogen ab und Isolde ruft, unsichtbar wie aus sphärisch weiter Ferne und wie eine Todesbotin aus einer anderen Welt, in hoher Lage, aber leise durchdringend und tief ins Herz schneidend, Tristans Namen. Daraufhin singt Tristan, der diesseitigen Welt schon fast entglitten: »Wie, hör' ich das Licht? Die Leuchte ... Die Leuchte verlischt. Zu ihr! Zu ihr!« Isolde erscheint endlich, aber zu spät, und ruft erneut Tristans Namen. Im Kontrast zum vorangegangenen, rhythmisch unregelmäßigen Lärm der Blechbläser, wird sie jetzt hauptsächlich von drei Fagotten und einer Bassklarinette mit lang anhaltenden Akkorden begleitet, die immer weiter abschwellen und sich nur chromatisch minimal verschieben. In dieser geradezu abgründig wirkenden Ruhe stirbt Tristan.

Wir erfahren dann, dass sich dieser abrupte Wechsel vom verzweifelten und lauten letzten Aufbegehren des todgeweihten Tristan zu Isoldes plötzlichem, durchdringend leisen Ruf wie aus dem Jenseits auch für den die Musik gestaltenden Dirigenten jedesmal wie eine emotionale Zerreißprobe und Anfechtung, fast wie eine Art Überlebenstest anfühlen würde. Nur mit größter Anstrengung, Anspannung und Angst würde er diese Stelle immer bewältigen, sagt unser Freund, und erst danach fühle er sich in der Lage, sich als Nächstes auf Isoldes langen Liebestod einzulassen. Dann erinnern wir uns mit ihm zusammen wieder daran, dass innerhalb eines runden halben Jahrhunderts genau an derselben Stelle von »Tristan und Isolde« zwei namhafte Dirigenten einem tödlichen Herzinfarkt erlegen sind: 1911 Felix Mottl und 1968 Josef Keilberth.

Hier scheint es, als hätte Richard Wagner intuitiv etwas, was er kosmisch als aus weiten Fernen kommend empfunden hat, in Musik umgesetzt. Mit der Vertonung dieser Empfindung hat er diese kosmische Erfahrung gewissermaßen materialisiert und sie damit wie mit einer Lupe verstärkt. Dies dürfte dazu führen, dass die besonders an dieser einen Stelle herrschende und sich entsprechend schon früh ankündigende Hochspannung für den verantwortlichen Dirigenten kaum zu ertragen und nur knapp zu bewältigen ist.

Solche Erfahrungen von besonders sensiblen Menschen können die Vermutung nahelegen, dass eine Fülle von mit Quanteninformationen versehenen, weiträumig und unsichtbar in uns einströmenden masselosen Photonen unser ganzes persönliches Leben, unser Denken und Fühlen, unsere Befindlichkeit und unser Handeln und Wirken beeinflussen. Die von Individuum zu Individuum sicher verschieden stark ausgeprägte energetische Fluktuation mit all ihren unterschiedlichen und kreativen Möglichkeiten und Verbindungen können wir als ein Eingebettet-Sein in ein in sich zusammenhängendes kosmisches Ganzes erleben, über das wir Menschen uns wiederum mit vielen oder vielleicht sogar mit allen anderen Menschen zu einem organischen Ganzen verbunden fühlen können.

Dafür, dass diese Energie nicht nur aufbauend und lebensfördernd, sondern auch zerstörerisch bis tödlich wirkt, ist die kritische Stelle im dritten Aufzug von Richard Wagners Oper »Tristan und Isolde« ein besonders starkes Beispiel. Das bei Wagner auch sonst vielfach anzutreffende Motiv des tragischen Verlöschens menschlicher Existenz ist Ausdruck einer überaus pessimistischen und skeptischen Sicht des Menschen letztlich ohne reale Sinnperspektive, bei dem jede Hoffnung auf eine Erlösung nach dem Tod letztlich eine Illusion und eine eitle Sehnsucht bleibt.

Die quantenphysikalische Deutung dieses Untergangserlebens mit der Annahme von langwelligen Photonen kosmischen Ausmaßes als Informationsträger bleibt sicher eine in-

173

teressante und plausible, aber letztlich völlig hypothetische Annahme. Die in vielen Opern Wagners herrschende Untergangsstimmung lässt sich kulturgeschichtlich gut damit begründen, dass Wagner unter dem Einfluss eines allgemein verunsichernden gesellschaftlichen Umbruchs während der Epoche des Spätbürgertums seiner Zeit stand, und es mögen sich auch biographische Gründe aus Wagners Leben dafür anführen lassen. Andererseits gibt es eine kaum übersichtliche Fülle von Situationen und Phänomenen, in denen rationale, historische, soziologische und psychologische Begründungen einfach nicht mehr ausreichen, wenn nicht sogar schlicht versagen. Wie kommt es, dass ganze Völker wie in einem Sog dem Wahn verfallen können, ihre eingeengten Ideologien mit Feuer und Schwert verbreiten zu müssen, sei es das Christentum, beispielsweise in der Zeit der Kreuzzüge, sei es der Rassenwahn eines »arischen« Volkes oder heutzutage die fixe Idee eines islamischen Gottesstaates? Denn bei allem Wissen um die infamen Propagandamethoden, die perfide Verbreitung von Angst und Schrecken durch despotische Herrscher angesichts der verunsicherten Massen und um die Sucht vieler Menschen nach lebensbedrohender Spannung und Grausamkeit, bleibt doch immer noch ein beträchtlicher Rest von Unbegreiflichkeit darüber, dass auch in hochentwickelten Kulturen solche desaströsen Entwicklungen möglich sind und an sich kultivierte und eigentlich dem Guten zugetane Menschen sich diesem Wahn nicht entziehen zu können scheinen. Ob es möglich wäre, dass die Menschen widerstandsfähiger gegen solche negativen Wahnvorstellungen würden, wenn sie diese Art von »In-der-Luft-liegen«, diese Verbreitung durch uns noch nicht bewusst gewordene Wahrnehmungswege im Sinne der oben angeführten Überlegungen erkennen, reflektieren und sich rechtzeitig bewusst dagegen abgrenzen könnten?

## Fernwahrnehmung und Fernwirkung

Ein bisher rätselhaftes Phänomen sind Fernwahrnehmungen. Immer wieder berichten Menschen davon, dass sie etwas wahrgenommen hätten, was völlig unmöglich ist, weil es viel zu weit von ihnen entfernt stattfand. Anders als die möglicherweise quantisch gesteuerten Vorgänge einer Intuition, Inspiration und Phantasie beziehen sich solche *Fernwahrnehmungen* immer auf einen ganz bestimmten, meist lokalisierbaren Sender, am häufigsten auf eine Person im Zusammenhang mit einem bestimmten Ereignis. Lässt sich nachträglich eine Übereinstimmung zwischen der vom Empfänger wahrgenommenen und der tatsächlichen gleichzeitigen Situation des Senders nachweisen, pflegt dies eher Kopfschütteln oder Ungläubigkeit zu erzeugen. Wenn man allerdings die Quanteninformation als Grundlage unseres Seins betrachtet, erscheinen solche Fernwahrnehmungen durchaus nicht ausgeschlossen zu sein. Zwei Beispiele mögen dies verdeutlichen.

So erzählte uns unlängst ein Freund, dass er sich in den USA aufhielt, als seine Mutter sich in Deutschland gerade einer schweren Operation zu unterziehen hatte, was er wusste. Irgendwann während der Zeit, in der die Operation stattfand, die Zeitverschiebung mit eingerechnet, glaubte er kurz in einen Zustand der Trance zu fallen, und er sah vor sich, wie seine Mutter dabei war, in eine weiße Kutsche einzusteigen, sich dann aber, als die Kutsche losfahren wollte, entschloss, zurückzubleiben. Als er dann wieder zuhause war und seine Mutter besuchte, erzählte diese ihm, wie sehr auf des Messers Schneide ihre Operation gewesen sei und dass sie drauf und dran gewesen sei, zu sterben, dann aber mit einem ungeheuren Willensakt beschlossen hätte zu leben. Daraufhin meinte ihr Sohn: »Du hättest ja auch gehen können.« Und sie dann: »Ach, du meinst das mit der weißen Kutsche?«

Eine andere Begebenheit aus unserem Freundeskreis berichtet von einem vierjährigen Jungen. Dieser pflegte häufig einen alten Herrn aus der Nachbarschaft zu besuchen, den er sehr mochte, den er Opa nannte und bei dem er öfter auch fernsehen durfte. Irgendwann musste Opa ins Krankenhaus, wo er monatelang stationär lag, so dass der Junge ihn sehr bald aus den Augen verlor, ihn jedenfalls kein einziges Mal mehr erwähnte. Eines Abends, rund drei Monate nach Opas Einlieferung ins Krankenhaus, fing der Junge plötzlich heftig an zu weinen, sich unruhig hin und her zu winden und in einem fort zu jammern: »Dem Opa geht's ganz schlecht. Der wird nicht wieder. Der stirbt bald.« Der Junge war untröstlich und überhaupt nicht zu beruhigen und wirkte in seiner Verzweiflung auch körperlich hoch angespannt und unwohl. Schließlich ließ er sich von seinen Eltern beruhigen und schlafen legen. Morgens nach dem Aufstehen fing er jedoch gleich wieder an: »Dem Opa geht's so schlecht. Der stirbt bald. Der wird nicht wieder«, klagte und lamentierte er erneut in einem fort. Jetzt fand die Mutter des Jungen, dass es an der Zeit war, einmal bei der Nachbarin, der Frau des bettlägerigen alten Mannes, anzurufen und nach seinem Befinden zu fragen. »Ja«, beschied diese der erschrockenen Mutter. »Meinem Mann geht es ganz plötzlich leider gar nicht gut, es geht ihm wirklich schlecht.« Am folgenden Tag fiel der Mann ins Koma und starb am Morgen darauf.

Fast jeder von uns ist schon einmal in der Lage gewesen, für ein entsprechendes bei sich oder in seiner unmittelbaren Umgebung erlebtes, mehr oder weniger spektakuläres Ereignis eine rationale Erklärung zu suchen. Und dann, wenn er keine fand, tat er das betreffende Ereignis entweder rasch ironisch und verlegen ab oder deutete es, was wohl eher selten der Fall war, spirituell als Zeichen einer Ausstattung mit »übersinnlichen Gaben«.

Wenn wir mit unserem Vater und Schwiegervater Heisenberg von solchen Dingen redeten, war er zu unserem Erstaunen gar nicht so skeptisch wie wir. Er wies im Gegenteil darauf hin, dass manches, was die Menschen im Zuge der naturwissenschaftlichen Erforschung der Welt als Aberglauben abgetan hätten, sich im Nachhinein als doch zutreffend erwies. So behaupteten die Menschen früher, dass Eisen vom Himmel fallen würde. Im Zuge der Aufklärung wurde das als Aberglaube abgetan. Dann aber wären, so erklärte er, in der Akademie der Wissenschaften zunehmend Hinweise darauf eingegangen, dass Eisen vom Himmel gefallen sei, so dass man schließlich genauer nachgeforscht und herausgefunden habe, dass tatsächlich manche auf der Erde einschlagende Meteoriten aus Eisen bestehen.

Inzwischen gilt es als nachgewiesen, dass es Haustiere, besonders Hunde und Katzen gibt, bei denen eine solche Fernwahrnehmung für ihren Besitzer beobachtet werden kann. Ein Wissenschaftler, dessen Hund immer dann schwanzwedelnd an die Tür ging, wenn sein Herrchen von seinem Arbeitsplatz nach Hause aufbrach, dachte sich folgendes Arrangement aus, um zu überprüfen, ob der Hund nur bestimmte Signale seiner Frau, die seine Ankunftszeit wusste, wahrnahm, oder ob es sich wirklich um eine weitergehende Fähigkeit seines Hundes handelte. Er beauftragte seine Frau, genau zu notieren, wann der Hund unruhig war, sagte aber, dass er zu ganz unterschiedlichen Zeiten nach Hause kommen würde. Dann beauftragte er einen Kollegen von seinem Arbeitsplatz, eine Woche lang festzulegen, wann er jeweils nach Hause gehen solle. Dieser Kollege übergab ihm jeden Morgen bei der Ankunft am Arbeitsplatz einen verschlossenen Briefumschlag. Diesen öffnete der Wissenschaftler jeweils kurz vor dem frühestmöglichen Dienstschluss, blieb dann aber noch so lange im Dienst, wie in dem Briefumschlag vorgegeben. Der Hund konnte also weder von ihm noch von seiner Frau irgendwelche Signale darüber erfahren, wann sein Herrchen nach Hause kommen würde. Trotzdem wurde er pünktlich um die Zeit unruhig, als sein Besitzer seinen Arbeitsplatz verließ.

Wenn wir über solche Beispiele diskutierten, erzählte uns Heisenberg dann auch oft etwas humoristisch von dem sogenannten »Pauli-Effekt« (in Anspielung auf das »Pauli-Prinzip« als ein Grundprinzip der Quantenmechanik). Der für seine schonungslos harschen, oft sarkastischen Diskussionsgepflogenheiten berüchtigte prominente Physiker Wolfgang Pauli hatte in vielen Instituten von mit ihm befreundeten Wissenschaftlern strengstes Verbot, die Laboratorien zu betreten. Denn ungewöhnlich häufig habe, sobald Pauli in diesen erschien, prompt irgendeine der wertvollen und empfindlichen Apparaturen den Geist aufgegeben. 1950 in Princeton wäre sogar einmal das dortige Zyklotron in Brand geraten. Ein andermal sei im Göttinger Institut eine Apparatur völlig unerklärlich in die Brüche gegangen, und hinterher habe man erfahren, dass Pauli in einem Zug gefahren sei, der genau um diese Zeit am Göttinger Bahnhof haltgemacht hätte. Authentisch übermittelt wurde auch von Carl Friedrich von Weizsäcker, dass einmal während eines Dia-Vortrags von Niels Bohr in dem Augenblick, in dem Pauli, etwas zu spät kommend, den Hörsaal betrat, sich ein totaler Stromausfall ereignete und selbst das Notstromaggregat nicht zu mobilisieren war.

Wolfgang Pauli selbst soll sich in seinem umfangreichen Briefwechsel mit C. G. Jung besorgt über diese Art von Fernwirkungen geäußert haben. Es scheint also, dass nicht nur Fernwahrnehmungen, sondern auch Fernwirkungen nicht völlig unmöglich sind. Die Fernwahrnehmungen könnten, ähnlich wie Intuition oder Inspiration, eventuell durch die langwelligen, im EEG messbaren elektromagnetischen Wellen mit ihren sehr energiearmen Photonen übertragen werden. Für eine solch heftige Fernwirkung jedoch, wie sie für Wolfgang Pauli berichtet wird, erscheint diese Erklärung weniger überzeugend. Es gibt jedoch noch ein anderes Phänomen bei Elementarteilchen, das vielleicht eher für eine Erklärung in Frage kommt: In der Physik gibt es die Möglichkeit, Elementarteilchen so zu präparieren, dass sie miteinander eine neue Ganzheit bilden. Die Physiker sagen, dass sich die Elementarteilchen miteinander verschränken. Eine solche Präparierung ist Physikern inzwischen mit Photonen gelungen. Diese präparierten Teilchen können sich im Raum ausdehnen und daher in entgegengesetzte Richtungen geschickt werden. Wenn nun an dem Teilchenbereich, das sich in die eine Richtung bewegt, eine Messung vorgenommen wird, wenn also zum Beispiel der Spin über eine Richtung festgestellt wird, kann man sicher sein, dass man am anderen Ende durch die gleiche Messung das komplementäre Ergebnis erhält. Im Augenblick der Messung zerfällt diese Ganzheit wieder in zwei Einzelteile. Könnte es sein, dass sich auch in Menschen solche Teilchen verschränken und dann Situationen mit einer solchen Wirkung erzeugen?

Eine der Fundgruben für solche Spekulationen ist das Wirken von Medizinmännern in den über weit zurückliegende historische Epochen weltweit verstreuten Naturvölkern, insbesondere bei den spirituellen Praktiken der Schamanen im Spannungsfeld zwischen Religion bzw. Magie und Therapie. Auf dem Hintergrund der Annahme einer Beseeltheit aller Wesen und mittels Totemismus und Fetischismus gehört zu den Aufgaben der Schamanen das Vordringen in »normalerweise« unzugängliche Bewusstseinszustände wie etwa den der Ekstase, wobei als erklärtes Ziel die Heilung von Krankheiten über die Abwehr böser Geister gilt. Darüber hinaus wird Medizinmännern die Fähigkeit der Weissagung sowie der genauen Ortung etwa von Jagdwild zugeschrieben. Es ist durchaus denkbar, dass in einem sehr naturnahen Leben das Training des rationalen Denkens allgemein viel weniger wichtig wird, so dass von Naturvölkern das Sich-Öffnen für andere Wahrnehmungskanäle viel stärker kultiviert und trainiert werden konnte. Leider hatten die mit ihrer hochentwickelten Technik und ihrem rationalen Denken die Welt erobernden europäischen Völker sehr wenig Verständnis für diese Art von Naturvölkern, so dass diese Kulturen mit Grausamkeit und Ignoranz bekämpft wurden und ihr besonderes Wissen unterging.

Australien allerdings wurde von Europäern so spät entdeckt und ist in seinem Landesinneren so unwirtlich, dass dort die als »Aborigines« bezeichneten Ureinwohner am längsten in ihrer ursprünglichen Weise überleben konnten, bis in eine Zeit, in der die westliche Arroganz langsam durch Interesse an der andersartigen Lebensform abgelöst wurde. Dort stand im Zentrum des spirituellen Denkens der Begriff der »Traumzeit« (englisch: »dreamtime«). Dieser beinhaltet die von diversen Kennern überlieferte Fähigkeit, wie im Traum oder in einer Vision, konkrete, bereits »am Anfang und in alle Ewigkeit« persönlich bedeutsame Orte aus sehr großen Entfernungen zu »sehen«, das heißt *medial* erfassen zu können. Zu diesen bedeutsamen Orten gehören etwa die Stätten der Ahnengeister, die, wovon heute noch Felsmalereien zeugen, einst das Land, die Pflanzen und die Lebewesen formten. Den Aborigines wird in manchen Berichten auch die Fähigkeit zugesprochen, Fernwahrnehmung bewusst zur Kommunikation über viele Kilometer hinweg nutzen zu können. Diese Fähigkeit ist inzwischen natürlich durch die leichten Kommunikationsmöglichkeiten per Handy verlorengegangen.

Inzwischen treten auch in unserer westlichen Gesellschaft immer wieder sogenannte Heiler auf, die sich den Wunsch vieler Menschen nach Überwindung unseres inzwischen oft als eingeschränkt empfundenen westlichen Denkens zunutze machen und mit ihren »Heilmethoden« Geld zu verdienen versuchen. Uns sind hier in unserer hochtechnisierten Kultur solche Fähigkeiten so weitgehend verlorengegangen, dass eine äußerste Skepsis gegen solche selbsternannten Heiler durchaus angebracht ist. Selbst wenn jemand offener für alternative Wahrnehmungskanäle ist als der Durchschnitt der Bevölkerung, so fehlt doch völlig der in lang praktizierter Tradition angehäufte Erfahrungsschatz und die Möglichkeit, mit rationaler Kontrolle die Spreu vom Weizen zu trennen.

Eine andere Frage ist, wieweit die bei den Naturvölkern offenbar noch etwas stärker ausgeprägte und bei uns Industrienationen weitestgehend verlorengegangene Fähigkeit der Fernwahrnehmung auf der Basis einer erneuten Bewusstwerdung oder gar eines Trainings wieder erlernbar ist.

Eine Theaterregisseurin erzählte uns, dass sie bei der Ausbildung junger Schauspieler Wert darauf lege, dass diese im Hinblick auf die von ihnen später als Schauspieler verlangte Rollenflexibilität als Erstes lernen müssten, sich in die alltägliche »Welt« ihrer Mitmenschen hineinzuversetzen. Zu diesem Zweck mussten ihre Schüler unter anderem üben, die Körperhaltung von Kommilitonen getreu nachzuahmen und so bewusst nachzuempfinden. Die nächste Aufgabe bestand darin, dass Person A sich eine ihr bekannte, aber abwesende Person B möglichst genau vorstellt. Eine der Person A gegenüber sitzende Person C bekam nun die Aufgabe, die von Person A »meditierte« Person B möglichst genau zu beschreiben. Das gelegentliche Gelingen dieser Aufgabe (nach längerer Übung) mag man damit erklären können, dass sich Person A durch ihre Identifikation mit Person B so sehr in deren Richtung verändert, dass dies von Person C wahrgenommen werden kann. Es muss allerdings bezweifelt werden, dass eine solche Erklärung ausreicht. Noch deutlicher ist der Versuch, bei einer nächsten Übung auch andere Wahrnehmungskanäle zu aktivieren. Dafür hatten sich die Schüler und Schülerinnen paarweise zunächst im Abstand von etwa zwanzig Zentimetern Rücken an Rücken aufzustellen und sich konzentriert die Befindlichkeit ihres Partners und dessen für sie unsichtbare Körperhaltung vorzustellen und diese dann möglichst gleichzeitig genau zu imitieren. Nach einiger Übung gelang das manchen Schülern auch bei Abständen bis zu zwei Metern.

Es gibt Berichte, wonach Geheimdienste versucht haben, Menschen, denen sie mediale Fähigkeiten zutrauten, zum Ausspionieren verborgener gegnerischer militärischer Anlagen einzusetzen. Diese Versuche blieben jedoch alle erfolglos. Dies ist allerdings noch kein Beweis dafür, dass eine solche Fernwahrnehmung von Orten nicht möglich wäre. Ob es allerdings Menschen gibt, denen diese Fähigkeit so weit zur Verfügung steht, dass sie auf Wunsch abgerufen werden kann, darf bezweifelt werden. Und noch unwahrscheinlicher ist es, dass eine solche Person sich wirklich von einem Geheimdienst für dessen Zwecke einstellen lässt und trotzdem diese Fähigkeiten noch bewahren kann.

Fassen wir zusammen.

Der Bericht über den vierjährigen Jungen, der unter plötzlichen Verzweiflungsausbrüchen den unmittelbar bevorstehenden Tod seines großväterlichen Freundes spürte, mag, so wie viele ähnliche Berichte anderer Kinder, ein Hinweis darauf sein, dass Kinder grundsätzlich, ähnlich wie Naturvölker und vermutlich auch wie höhere Säugetiere, gegenüber elektromagnetisch erfassbaren Ereignissen außerhalb des Bereichs bewusster sinnlicher Wahrnehmung sensibler geblieben sind als Erwachsene aus unserer hochindustrialisierten Gesellschaft. Diese müssen sich, sofern sie diese Fähigkeit wieder aufleben lassen möchten, grundsätzlich den verlorengegangenen weiträumigeren Wahrnehmungsformen bewusstseinsmäßig neu öffnen und sie gegebenenfalls trainieren bzw. sie, was noch effektiver sein dürfte, durch Meditation oder Kontemplation vertiefen. Aus diesem Grund können wir auch davon ausgehen, dass in angemessener Weise meditativ und spirituell ausgerichtete Menschen vielleicht am ehesten über einige der einst den Schamanen zugeschriebenen Fähigkeiten verfügen können.

## Kosmische Verbindungen

Der deutsche Meistergeiger Vesselin Paraschkevov macht in einer von ihm bisher unveröffentlichten Schrift über das Violinspiel deutlich, dass die Technik im Violinspiel und das musikalische Durcharbeiten der Stücke zwar unabdingbar notwendige Vorarbeiten für die gute Aufführung eines Stückes sind, dass aber die eigentliche Tiefe in der Darbietung des Stückes erst entsteht, wenn der Künstler sich öffnet für eine Schwingung, die von außen kommt. Er nennt es: »*Es* spielt« und nicht man selbst. Und die eigentliche Kunst des Künstlers besteht darin, sich diesen von außen kommenden Schwingungen zu öffnen und sich mit dem Spiel darin einzufügen, quasi jenem »Es« die geübte Technik und die geistig-musikalische Durchdringung des Stückes als Werkzeug zur Verfügung zu stellen. Und jedes Mal, wenn dem Künstler dies gelingt, ist es ein beglückendes Erlebnis. Mit Chiffren wie »Schöpferische Kraft«, »Inneres Feuer«, »Muse«, »Inneres Wissen«, »Sinn«, »Mitte«, »Ganzheitliche Intuition« versucht er dieser Erfahrung Ausdruck zu geben, und sie weisen nach seinen Aussagen letztlich alle auf das im chinesischen Daoismus wurzelnde Qi oder Ch'i hin, was er mit »Schwung« übersetzt. Dieses Ch'i gilt im Daoismus als ein außerhalb von uns liegendes Lebens- und Existenzzentrum, welches unser Weltall pulsierend erfüllt. Man kann in diesem Ch'i auch eine umfassende göttliche Kraft sehen, die unser Leben, in diesem Fall auch unser musikalisches Spiel beherrscht.

Diese Art von kosmischer Schwingung wahrzunehmen ist nicht nur dem darbietenden Künstler vorbehalten. Auch bei dem Phänomen des *zwischenmenschlichen Gleichklangs und der Liebe* beispielsweise wird oft eine Verschränkung zwischen eng und »innig« erlebter Nähe und zugleich »kosmisch« empfundener, überräumlicher Weite erlebt. Das heißt, dass zwei Liebende, wie man immer wieder hört, in ihrer als »mystisch« empfundenen, dyadischen Entrückung und Verschmelzung sich zugleich wie in einer allumfassend universalen Ganzheit eingebettet fühlen können. Unter den kosmischen Dimensionen von Wahrnehmung, Erinnerung und Erleben dürfte gerade der Bereich des zwischenmenschlichen Gleichklangs und noch intensiver der der Liebe von der denkbar stärksten emotionalen Verdichtung erfüllt sein. Wer kennt nicht die »Liebe auf den ersten Blick«, meistens zwischen zwei einander bisher (jedenfalls auf dieser Ebene) unbekannten Menschen? Der französische Ausdruck »Coup de foudre« (Blitzschlag) legt die Vorstellung einer elektrischen (!) Entladung von Liebesgefühlen im Sinne einer oft unkontrollierbaren und undurchschaubaren, jähen Leidenschaft mit Affektturbulenzen nahe, welche bekanntlich manchmal sogar einen handfesten Krankheitszustand nach sich ziehen kann. In dieser Dramatik spielt sich die Begegnung zwischen zwei Menschen sicherlich um einiges seltener ab als die sehr viel alltäglichere, sanftere, aber dafür meist umso nachhaltigere, »solidere« Version des sich etwas gemächlicher vollziehenden »Sich-Verliebens«, zu dessen Anfangsphase eher die Metapher der »Schmetterlinge im Bauch« passen dürfte und die durchaus Auftakt sein kann zu einer lebenslang haltenden, sogar ausschließlichen Liebe. Dieses häufig als »unsterblich« empfundene Sich-Verlieben hat in der Regel auch eine durchaus »sterbliche« Grundlage: diese alle »Poren« und »Zellen« durchdringende, oft auf Anhieb Erotik und Sexualität miterfassende Leidenschaft wird entfacht durch die sinnliche Wahrnehmung über »den ersten Blick«. In der Regel spielen, allerdings etwas weniger bewusst, auch akustische Stimmeneindrücke eine wichtige Rolle. Meist nur noch unterschwellig wahrnehmbar sind olfaktorische, also chemische Geruchsreize, deren Aufnahme durch Geruchrezeptoren und deren anschließende Weiterleitung ins Gehirn die neu einander Begegnenden spüren lassen, dass »die Chemie stimmt« (das Gegenteil ist das ebenfalls bekannte »den Anderen nicht riechen können«). Aber selbst bei all diesen uns schon weitgehend bekannten Elementen der Wahrnehmung des anderen scheint daneben auch einiges offenbar Unterschwelliges, aber umso Nachhaltigeres mitzuschwingen, wofür irgendwelche uns noch nicht bewussten und damit »empirisch« nicht definierbaren »Wahrnehmungs-Wege« verantwortlich sein müssen. Heisenberg drückte es, wie schon weiter oben zitiert, aus als das Mitschwingen mit der Seele eines anderen Menschen, so wie man auch mit der zentralen Ordnung mitschwingen kann.

Nicht nur bei einem Einzelnen oder in einer Zweierbeziehung scheinen kosmische Schwingungen eine Rolle zu spielen. Ganz spontan äußerten Teilnehmer an einem sehr gelungenen Fest noch ein Jahr später: »Es war eine besondere positive Schwingung im Raum zu spüren.« In dem Fall war diese positive Schwingung nicht durch Musik, sondern durch die gesamte Situation und die positive Grundstimmung der Menschen untereinander hervorgerufen worden.

Aber diese Erfahrung, dass Schwingungen ganze Gruppen von Menschen beeinflussen, motivieren und in einem Gefühl kosmischer Verbundenheit zusammenschmieden können, nutzten die Menschen seit alters her. Indianerstämme pflegten sich mit Trommeln, Musik und Tänzen auf Kämpfe mit feindlichen Stämmen einzustimmen. Auch die heute bei uns immer noch existierenden Militärkapellen stammen aus einer Zeit, als mit dieser Musik die Soldaten motiviert und in die für die Schlachten notwendigen gemeinsamen Schwingungen gebracht werden sollten.

Ein offenbar besonders beeindruckendes Beispiel berichtete uns vor einiger Zeit unsere Mutter / Schwiegermutter (Gret Mann) während eines gemeinsamen Opernbesuchs in der »War Memorial Hall« in San Francisco, wo bis 1980 auch alle Symphoniekonzerte der »San Francisco Symphony« stattgefunden hatten. Wenige Wochen vor dem Ende des Zweiten Weltkriegs war der sehr populäre Präsident der Vereinigten Staaten von Amerika, Franklin D. Roosevelt, gestorben und hatte damit den wesentlich auch von ihm mit erfochtenen Sieg über Nazideutschland selber nicht mehr erleben dürfen. Unmittelbar nach seinem Tod führte die San Francisco Symphony unter der Leitung ihres damaligen Chefdirigenten Pierre Monteux und mit meinem Vater unter den Bratschern und meiner Mutter im Auditorium den in der Regel bei Staatsbegräbnissen gespielten »Marcia funebre«, den zweiten, langsamen Satz von Beethovens dritter Symphonie, der »Eroica«, auf. Zu dieser Musik schrieb Beethovens Freund Ferdinand Ries am 22. Oktober 1803 dem Verleger Nikolaius Simrock, dass unter ihr »Himmel und Erde erzittern muss«. Zusammen mit der Atmosphäre damals in dem vollbesetzten Konzertsaal, in dem lauter erschütterte, trauernde und tief dankbare Menschen ihrem geliebten, großen Präsidenten die letzte Ehre gaben, soll, jedenfalls nach dem Bericht unserer Mutter, überall im Saal bis zum Satzende ein herzzerreißendes Schluchzen hörbar gewesen sein. Gerade die über alles Irdische hinausweisende Musik des »Marcia funebre« muss in diesem Augenblick des Abschieds einer ganzen Nation von ihrer politischen und moralischen Leitfigur und Führungsspitze, der während eines jahrelangen, opferreichen Kampfes die Niederwerfung des verbrecherischen, faschistischen Gegners gelungen war, ein ungeheuer intensives, von Schmerz, Dankbarkeit und Verehrung erfülltes Gemeinschaftsgefühl erzeugt haben, welches im Augenblick des Hörens gerade dieser Musik durch die unausgesprochene, gemeinsame Ausrichtung auf übergreifende humane Ziele sicher um ein Vielfaches verstärkt wurde.

Wir kennen wahrscheinlich alle aus vergleichbaren hochemotionalen Situationen einer Gruppe oder Gemeinschaft ähnlich intensive Gefühle wie den eben beschriebenen tröstenden Schmerz: Freude, ein verbrüderndes Gemeinschaftsgefühl, meditative und religiöse Versenkung und Entrückung, aber auch aus unserer deutschen Vergangenheit auf der anderen Seite, in bösartig und missbräuchlich verführerischer Absicht erzeugt, einen gefährlichen kollektiven Hass sowie Kriegs- oder gar Pogromstimmung. All dies kann vielleicht tatsächlich am wirkungsvollsten durch Musik, aber sicherlich auch durch zündende Reden oder auch durch sonstige Manipulationsmethoden alle im Raum Versammelten emotional, manchmal auch irrational so zusammenschmieden, dass sie »Schwingungen« in dem Raum empfinden, welche möglicherweise, ganz unbestimmt, aber doch deutlich empfunden, auf eine überräumlich und überzeitlich ausfüllende »Idee«, ein Ziel hinweisen, an der alle, trotz interindividueller Schwankungen, in gleicher Weise teilhaben. Häufig ist der Sog dieser Massensuggestion so groß, dass alle rationale und ethische Kritik übertönt wird.

Kehren wir nun zu unserer Anfangsfrage nach dem Wesen der uns Menschen verbindenden Kraft zurück und vergegenwärtigen wir uns nochmals den Hergang der »elektrischen Entladung« beim Akt des Sich-Verliebens. Nicht nur bei dieser heftigen Version einer zwischenmenschlichen Verbindung, sondern auch bei einem weniger dramatischen Vorgang dieser Art erscheint es uns generell als nicht unmöglich, eine wesentliche Mitwirkung langer elektromagnetischer Wellen bzw. Photonen oder Lichtquanten als Träger von Quanteninformationen anzunehmen. Vorstellbar wäre in diesem Sinne, dass zwei oder mehrere Menschen über elektromagnetische Wechselwirkung voneinander aufgenommene Informationen über Wahrnehmung mittels Sinnesorganen sowie über anderweitige, wegen der im Kopfbereich ungeheuer langen elektromagnetischen Wellen, möglicherweise von weither vermittelte »Kanäle« austauschen (Informationen über Eigenschaften, Einstellung und Gesinnung der betreffenden Partner) und diese Informationen mit jeweils eigenen, subkortikal gespeicherten Informationen (z.B. »gelernte« eigene Einstellungen und Vorlieben) zu Informationskomplexen verbinden. Diese wären dann ausschlaggebend für die Gesamteinschätzung und die bejahende Einstellung und schließlich die mehr oder weniger enge emotionale Verbindung mit dem oder den anderen. Für diese Annahme spricht, dass wir in Augenblicken eines intensiven Einvernehmens zu zweit oder in einer Gruppe oder Gemeinschaft gern die Existenz von »Schwingungen« im Raum oder das Bestehen einer »gleichen Wellenlänge« annehmen und dabei oft auch eine Verbindung mit kosmischen Gegebenheiten zu spüren glauben. Das Bild von der Welle und von den Schwingungen trifft wegen seiner übergreifenden Gültigkeit keinesfalls nur auf einvernehmliche zwischenmenschliche Situationen zu, sondern auch auf jede Stimmung zwischen zwei Menschen oder in ganzen Gruppen, durchaus auch in einer unangenehmen, feindseligen Atmosphäre.

Interessant ist, dass das Bild der den Menschen mit dem Kosmos verbindenden »Schwingung« in fernöstlichen Kulturen sehr viel selbstverständlicher und stärker verbreitet ist. Wir erörterten Vesselin Paraschkevovs besonders nachvollziehbaren Einfluss des Ch'i als ein außerhalb von uns liegendes Lebens- und Existenzzentrum und ein umfassendes göttliches Einwirken auf die Musik. Wir deuteten jedoch auch bereits an, dass dieser sinnhafte, zentrale »Schwung« sämtliche Lebensbereiche erfüllt. Dieses uralte, aus dem Daoismus stammende Weltbild scheint dem der Quantenphysik besonders nahezustehen, ohne dass die damaligen Menschen auch nur eine Ahnung von der Struktur der Quantenphysik haben konnten bzw. man könnte es vielleicht doch als eine Art »Ahnung« oder Vor-Ahnung davon bezeichnen. Wir wiesen bereits einmal darauf hin, dass die fernöstliche Denkweise dem unanschaulichen Denken der Quantenphysik sehr viel näher steht als das unsrige, westliche, aristotelisch von Kausalzusammenhängen geprägte Denken. Uns fällt es immer noch schwer, uns von der »klassischen« Anschauung von der Materie als Klötzchen oder Kügelchen zu lösen und stattdessen die Existenz von Energiefeldern anzunehmen, die dem, was wir als »Geist« bezeichnen, sehr nahe wenn nicht sogar letztlich damit identisch sind. Mit dieser Anschauung würde es sehr viel leichter fallen, zwischen der Quantenphysik und dem, was wir *existentielle Tiefenerfahrung und religiöse (oder spirituelle) Eingebung* nennen, nachvollziehbare Verbindungen herzustellen, ohne die verbleibenden, klaren Unterschiede zwischen beidem aus den Augen zu verlieren.

## Existentielle Tiefenerfahrungen und religiöse Eingebung

Angesichts des Endes des Dualismus zwischen Materie und Bewusstsein bzw. Natur und Geist durch die Quantenphysik liegt es nahe, auch für existentielle Tiefenerfahrungen und mögliche spirituelle und religiöse Eingebungen von Menschen einen passenden Platz im komplexen Gefüge unseres Daseins zu suchen. Vor allem die zuletzt herausgearbeitete Tatsache, dass praktisch alle Bewusstseinsvorgänge in einem dichten, unser ganzes Universum durchdringenden Netz elektromagnetischer Wellen eingebettet sind und dass unser Weltall erfüllt ist von einem immensen, pulsierenden und ineinanderschwingenden Komplex von Energiefeldern, hört sich an wie eine neueste naturwissenschaftliche Bestätigung der im altchinesischen Daoismus wurzelnden Lehre vom Qi oder Ch'i als einem mit »Schwung« übersetzbaren Lebens- und Existenzzentrum. Auch wenn die Quantenphysik und die Lehre des Daoismus einen grundlegend unterschiedlichen Zugang zu ein und derselben Wirklichkeit darstellt, so hat doch beides, über alle bestechenden inhaltlichen Parallelen hinaus, auch formal etwas Wesentliches gemeinsam.

Schon von Werner Heisenberg wissen wir aus seiner eher frühen Schrift »Ordnung der Wirklichkeit«, dass wir zur Darstellung der vielfältigen, komplexen und höchst unanschaulichen Fakten der Quantenphysik auf die Verwendung von Grundbegriffen und umschreibenden Bildern aus der klassischen Physik (wie beispielsweise »Teilchen« und »Welle«) angewiesen sind und dass diese Begriffsverwendungen lediglich Idealisierungen der Wirklichkeit sind. Das sich entwickelnde Verständnis der Welt in einer wissenschaftlichen Ordnung kann mit dem Erlernen der Sprache durch die Kinder verglichen werden, die zuerst aus einfachen Erfahrungen Begriffe bilden, als Voraussetzung zum späteren Verständnis komplizierterer Zusammenhänge.[54]

Sowohl die in diesem Sinne »geistige« Struktur als auch die mit unseren Vorstellungen kaum fassbaren kosmischen Dimensionen der Photonen als Informations- und Bewusstseinsträger sind einerseits ein naturwissenschaftliches Faktum. Sie lassen sich mathematisch berechnen. Aber diese Berechnungen liefern zunächst nichts als Zahlen und Formeln. Sobald wir diese Rechenergebnisse in eine Sprache fassen wollen, in der wir uns auch unter Nicht-Mathematikern verständigen können, sind wir gezwungen, umschreibende *Bilder* zu gebrauchen, die für uns eher fassbar sind aber immer schon eine Deutung beinhalten, die nur annähernd dem mathematischen Ergebnis entspricht. Damit sind die in Sprache gefassten Ergebnisse immer durch wissenschaftliche Ergebnisse gestützte naturphilosophische Annahmen. Insofern sind Naturwissenschaft und Philosophie durchaus nicht zwei völlig unterschiedliche Bereiche der Wirklichkeit.

In dieser Beziehung gleichen sich auch vor allem die moderne Naturwissenschaft, philosophisches Denken und religiöses Erleben ein wenig. Besonders die verschiedenen Religionen kommunizieren in *Bildern und Metaphern*, um über eine nicht primär sprachlich gemachte Erfahrung oder Erkenntnis mit Menschen reden zu können, die diese Erfahrung zunächst nicht gemacht haben, und sie ihnen nahezubringen. Nur dass es sich in diesem Fall nicht um wissenschaftlich erarbeitete Ergebnisse handelt, sondern um individuelle Erfahrungen, die der Betreffende besonders im spirituellen und religiösen Bereich als so existentiell tief und mit dem Kosmos verbunden erlebt, dass er sie als überindividuell betrachtet und dementsprechend allen Menschen zugänglich machen möchte.

Die Metaphern und Bilder, in die er diese Erfahrungen kleidet, sind natürlich auf die Menschen seiner Zeit und seines Kulturkreises zugeschnitten, also sehr zeit- und kulturspezifisch. Fatal wird es, wenn, wie besonders in den drei monotheistischen Religionen geschehen, diese Metaphern und Bilder nun als *die* eine Wahrheit dogmatisiert werden, die auch noch geglaubt werden muss, um eine jenseitige Belohnung zu erlangen und um der Gerichtsbarkeit und der Strafe der Glaubenshüter der jeweiligen Religionsgemeinschaft zu entgehen. Carl Friedrich von Weizsäcker hat dies prägnant auf den folgenden Punkt gebracht: »Man kann die Bibel entweder ernst nehmen oder wörtlich.«

So wie in der Physik, so ist auch in den Religionen vielfach ein Umdenken notwendig, in dem Sinne, dass es viele unterschiedliche Möglichkeiten der Annäherung an die Wahrheit gibt, die gleichwertig nebeneinander bestehen können. Aufgrund unserer Beschränkung auf spezifische, tradierte Metaphern beinhaltet das jeweils eigene Glaubensbekenntnis nicht die höchste und schon gar nicht die alleinige Wahrheit, sondern ist nur *ein* Zugang dazu. Grundsätzlich haben auch alle anderen Religionen wie auch prinzipiell eine nichtreligiöse Sinn- und Werteorientierung gleichberechtigt an dieser Wahrheit als Annäherung teil.

Wenn in diesem Sinne der Glaube an spezifische kanonisierte Lehrinhalte und Vorschriften unwichtiger wird, können die Menschen viel offener und empfänglicher für ihre eigenen Erfahrungen werden und vielleicht die kosmischen Dimensionen, die Wandelbarkeit und das Schwingende ihres Daseins stärker erfahren.

Was speziell die menschliche Spiritualität und Religiosität

betrifft, so wird diese bei solcher Offenheit frei, in eine *transpersonale Richtung* zu gehen, wie wir sie bereits an anderer Stelle dieses Buches als kennzeichnend für ein östliches religiöses Denken erwähnt haben, bei dem die Eigenverantwortlichkeit des Einzelnen stärker im Mittelpunkt steht und die im Prozess der Meditation und Kontemplation freiere Entfaltungsmöglichkeiten zulässt. Andererseits liegt im *personalen bzw. interpersonalen Prinzip*, so wie es die monotheistischen Religionen ursprünglich als ein in universaler Liebe gründendes, als »Gott« bezeichnetes, absolutes oder Ur-Du verstanden haben, eine Chance für eine immer wieder neu zu belebende, auch meditative Tiefenerfahrung und religiöse Eingebung aus einer dialogischen Ich-Du-Beziehung zwischen Gott und Mensch. Dieses im personalen Gottesverständnis der monotheistischen Religionen innewohnende dialogische Prinzip müsste so eigentlich ein besonderes Vorbild sein für einen freien und toleranten dialogischen Austausch zwischen den Menschen und für eine offene, personale Begegnung zwischen allen Religionen sowie zwischen Religion und Nicht-Religion, so wie dies ursprünglich wohl auch vielfach gedacht gewesen war.

Nicht nur vorzugsweise in den transpersonal ausgerichteten Religionen des Ostens, sondern auch in der Geschichte der drei monotheistischen Religionen gab es und gibt es noch heute *mystische* Richtungen, die die individuelle Erfahrung eines »*Einswerdens*« *zwischen Mensch und Gott* durch eine schwerpunktmäßig kontemplative Grundhaltung und Lebensführung zu erreichen versuchen. Aber gerade in den drei monotheistischen Religionen Judentum, Christentum und Islam haben sich individuelle Erleuchtungs- und Erweckungserlebnisse immer auf der »sicheren« Grundlage der dort jeweils »offenbarten« und kanonisierten Glaubensartikel zu vollziehen. Die Geschichte vor allem des Christentums und des Islams zeigt, wie gewaltsam und bis zu ihrer Ausschaltung bestimmte Strömungen der Mystik verfolgt wurden, wenn sie zumindest angeblich die von den betreffenden Religionen vorher abgesteckte dogmatische Umzäunung verlassen hatten. Besonders erwähnenswert ist die »negative Theologie« des bekanntesten christlichen Mystikers Meister Eckart im späten 13. Jahrhundert. Er fordert von uns geradezu radikal eine Haltung gegenüber dem, was die monotheistischen Religionen unter Gott verstehen: »Du sollst ihn lieben wie er ist: ein *Nicht*gott, ein *Nicht*geist, eine *Nicht*person, ein *Nicht*bild, sondern: wie er ein bloßes, pures, reines Eins ist, gesondert von aller Zweiheit, und in dem einen sollen wir ewiglich versinken von Nichts zu Nichts. Das walte Gott.« Eckart blieb nur deshalb von der Verurteilung durch die Kirche verschont, weil er vor Abschluss des gegen ihn eröffneten Inquisitionsprozesses verstarb.

Innerhalb der christlichen Kirche gibt es allerdings eine spektakuläre, wenngleich einmalige und man könnte fast meinen, auf einem Versehen beruhende Lehräußerung mit »unfehlbarem« Anspruch, da von einem ganzen Konzil »ex cathedra« geäußert, nämlich im 4. Laterankonzil von 1215 formuliert: »Alles was wir über Gott sagen, ist ihm unähnlicher als ähnlich.« Wie anders die Geschichte von Kirche und Christentum hätte verlaufen können, wäre diese einsam in der Kirchengeschichte stehende Lehrmeinung beherzigt und vor allem in breiter Front praktisch umgesetzt worden.

Wenn man sich klarmacht, dass sich sowohl die Naturphilosophie als auch die Religionen in Metaphern und Bildern über ihre Inhalte zu verständigen versuchen, dann könnte man auch einmal den Versuch wagen, die Metaphern aus dem einen Bereich mit Metaphern des anderen Bereichs zu vergleichen, um zu sehen, ob sie nicht vielleicht den selben Aspekt von Wahrheit in ihren Annäherungen zu beschreiben versuchen. So kann als mögliche Analogie zwischen natur-wissenschaftlichen und theologischen Gegebenheiten der ur-sprüngliche nichttheologische Begriff der *Information* in die biblische Sprache eingeführt werden. Dies betrifft beispiels-weise die Übersetzung des ersten Verses des Johannes-Evan-geliums im Neuen Testament: *Am Anfang war der Logos*, wobei Luther *Logos* mit *Wort* übersetzte, obwohl es auch die Bedeutung von *Rede, Satz, Sinn* oder auch von *Rech-nung* haben kann. Nach dem Protyposis-Konzept kann auch der Begriff der *Information* verwendet werden: *Am Anfang war die Information.* Und umgekehrt lässt sich mit der Pro-typosis der »Logos als der Grund von allem« auch naturwis-senschaftlich denken.[55]

> Die durch die Quantentheorie wieder ins Bewusstsein ge-rückte Fülle der Möglichkeiten, die keineswegs mit Beliebig-keit verwechselt werden darf, eröffnet somit Horizonte, die aus Sicht der Naturwissenschaften zuvor nicht gesehen wer-den konnten. Wir sind sicher, dass das Erfassen der tieferen Strukturen der Realität im Kosmos, in der irdischen Natur und im Menschen dazu anregen wird, den gesamten Kom-plex von Natur- und Geisteswissenschaften, von Ökonomie, Kultur und auch von Religion neu zu bedenken.[56]

Die nach unserer heutigen Sichtweise letztlich unterschieds-los an alle Religionen ergehende Forderung, im Sinne ihrer ursprünglichen, alle in eine ähnliche Richtung gehenden Erfahrungsinhalte mit Respekt, Unvoreingenommenheit, De-mut und Empathie miteinander umzugehen, ist angesichts des Bewusstseins unserer menschlichen Begrenztheit an sich ein prinzipieller Auftrag an uns alle. Dazu braucht es nicht erst das Weltbild der Quantenphysik. Dennoch könnte das heute neu geforderte, radikale Umdenken gerade in der Physik durch die Neuentdeckungen der Quantenphysik ein neuer Impuls sein für ein Umdenken auch innerhalb der Religionen. Denn gerade das auf dem Prinzip der Möglichkeit und der Beziehung beruhende, neue Weltbild der Quantenphysik dürfte am denkbar stärksten inkompatibel sein mit jeder Form von Dogmatismus und Gesetzesstarre im religiösen Bereich.

Diese Forderung gilt allerdings keineswegs nur für den Bereich der Religionen. Dogmatismus und Gesetzesstarre findet sich in allen Bereichen des gesellschaftlichen Lebens in Kultur, Politik und Wirtschaft sowie im Mainstream eines klassisch eingeengten naturwissenschaftlichen Credo auf dem Hintergrund von überängstlich gehüteten weltanschaulichen Systemen. Dort ist, genau so wie im Bereich religiöser Orthodoxie, ein radikales Umdenken oder zumindest ein Überdenken im Interesse humanistischer Freiheit und Weltoffenheit und manchmal auch mit dem Ziel überfälliger, gesetzlicher Reformen dringend gefordert. Wir wagen sogar zu behaupten, dass ein das menschliche Zusammenleben gefährdender religiöser wie auch ein (meist irgendwie in den Religionen fußender) nichtreligiöser Fundamentalismus nicht nur unethisch ist und von geistiger Beschränktheit zeugt. Jede Haltung eines unbelehrbaren, sich ängstlich abgrenzenden und gleichzeitig aggressiven Fundamentalismus widerspricht, aufgrund des Grundprinzips der Potentialität in der Quantenphysik und damit auch des Grundprinzips der Potentialität im Bereich des menschlichen Bewusstseins und Willens, auch der eigentlichen Natur des Menschen und ist in diesem Sinn *widernatürlich*.

Man kann davon ausgehen, dass dogmatische Starre und eine aus ihr folgende Haltung von Intoleranz und sogar Gewaltbereitschaft letztlich auf *Angst* beruht, auf als Bedrohung erlebter Angst vor Veränderung, vor Verlust, vor Verletzung und Versagen, als Angst vor jeder Zukunft. Die quantenphysikalische Erkenntnis, dass die Zukunft offen und durch uns, durch Geistiges beeinflussbar ist, ermöglicht uns, dieser Art von Angst entgegenzuarbeiten, indem wir versuchen, die Zukunft positiv zu beeinflussen, indem wir uns auf die Gegenwart, das Jetzt konzentrieren, uns voll auf dieses Jetzt einlassen und versuchen, es nachhaltig positiv zu gestalten. Denn dieses Jetzt ist das einzig Sichere, dem wir ganzheitlich mit wachem Bewusstsein begegnen und es gestalten können. Damit bleibt jede Zukunft offen.[57] Diese Haltung von Offenheit und die Stärke, die Unbestimmtheit der Zukunft zu ertragen (und auch in Ermangelung ihrer Kenntnis nicht einseitig in die Vergangenheit zu flüchten), ist wiederum ein Garant für Toleranz gegenüber anderen Denkweisen. Denn auch die eigene Denkweise lebt immer aus ihrer Aktualität heraus. Sie muss langfristig zukünftigen Situationen angepasst werden und wird insofern auch als veränderbar erlebt. Eben dies entspricht auch der durch die Quantenphysik begründeten Absage an eine kausal bedingte, totale Vorherbestimmtheit unserer Zukunft. Und dies gilt für alle Vorgänge sowohl in der Natur als auch in unserem Bewusstsein als Teil dieser Natur. Damit verliert auch jeder Gedanke an Vorsehung und Prädestination sowohl im spirituellen als auch »weltlich« politischen und gesellschaftlichen Bereich seinen Sinn und seine Plausibilität.

Hier besteht die Chance, dass alle möglichen Lebensbereiche sich gegenseitig im Interesse eines friedlichen und toleranten Zusammenlebens der Menschen inspirieren und bereichern. So kann einerseits das neue quantenphysikalische Konzept der bedeutungsfreien Information als Urgrund von Materie, Leben und Bewusstsein auf eine in allen gesellschaftlichen Bereichen wirksame Sinn- und Werteorientierung Einfluss nehmen. Andererseits kann aber auch ein in

Bewegung geratenes Denken außerhalb spezifischer naturwissenschaftlicher Forschung umgekehrt eine naturphilosophische Reflektion von deren eigenen Ergebnissen begünstigen, und diese naturphilosophische Reflektion kann wiederum grundsätzlich auf festgefahrene, tradierte religiöse Anschauungen positiv einwirken.

Fassen wir das bisher über Wahrnehmung, Erinnerung und Erleben Gesagte zusammen:

Bereits die einfachste sinnliche Wahrnehmung über kurzwelliges, sichtbares Licht bzw. Photonen, über Schallwellen oder über als Geruch und Geschmack wahrnehmbare chemischen Stoffe erfolgt über Informationen, die mittels elektromagnetischer Schwingungen bzw. langwelliger Photonen aufgenommen und auf dem Hintergrund gespeicherter Informationen im Gehirn verarbeitet und mit bewertungs- und handlungsrelevanten Bedeutungen versehen werden. Dasselbe gilt auch für die nichtsinnliche Aufnahme von Informationen ebenfalls über langwelligen Elektromagnetismus aus beliebiger Entfernung, die allerdings aufgrund der praktisch unendlichen Ausdehnung der die Informationen transportierenden Photonen in kosmische Raumdimensionen hineinreicht. Dies trifft auf Informationen mit Inhalten zu, die als Intuition, Inspiration oder Phantasie erlebt werden, auf solche einer Fernwahrnehmung oder Fernwirkung, einer kosmischen Verbindung zwischen zwei Menschen, einer Gruppe oder einer größeren Gemeinschaft sowie auch auf solche Informationen, die existentielle Tiefenwahrnehmungen oder religiöse Eingebungen zum Inhalt haben. Die Wahrnehmungs- und Bewertungsmöglichkeiten in allen genannten Bereichen sind praktisch unbegrenzt, und sie werden erst im Kontext bereits vorhandener Einstellungen bewertet werden können.

Eine als Intuition erfasste Wahrnehmung kann den Charakter einer beglückenden und innerlich erfüllenden Erleuchtung oder Erweckung haben oder aber, wie wir am Beispiel von Tristans nahendem Tod in Richard Wagners Oper »Tristan und Isolde« gesehen haben, eine diesen Tod in grauenvoller Weise beschleunigende Botschaft. Genau so sind phantasievolle Einfälle nicht immer nur Bestand genialer Kunstwerke oder großer wissenschaftlicher Erkenntnisse. Ausgeklügelte Phantasien können – in einem völlig andersartigen, menschenverachtenden Kontext – auch der verabscheuenswürdigen Schädigung und Quälerei von Mitmenschen dienen. Und dass mit Hilfe von Drogeneinwirkung erzeugte oder zumindest mitgestaltete »Intuitionen« eine besonders eng begrenzte Wertigkeit aufweisen, dürfte ebenfalls auf der Hand liegen.

Für destruktive Formen einer Fernwirkung brachten wir als Beispiel den von Physikerkollegen überlieferten, legendären »Pauli-Effekt« des bedeutenden Physikers Wolfgang Pauli. Auch die verschiedenen Formen einer als »besondere Schwingung« erlebten kosmischen Verbindung zwischen Menschen reicht vom Beispiel der vorhin beschriebenen, die dort anwesenden Menschen zutiefst miteinander verbindenden, musikalischen Abschiedsfeier für den verdienstvollen amerikanischen Staatsmann Roosevelt bis hin zu den historisch berüchtigten und leider auch noch der Gegenwart angehörenden, mörderischen Pogromsituationen bei der Verfolgung andersartiger Menschen. Schließlich gibt es im zuletzt genannten Bereich existentieller Tiefenerfahrung und spiritueller bzw. religiöser Eingebung neben den glanzvollen und segensreichen Momenten ihrer Geschichte auch eine beklagenswert große Fülle unheilvoller und blutiger Beispiele für Machtmissbrauch und andere Formen menschenunwürdigen Versagens.

Informationen aus nah und fern als Inhalt menschlicher

Wahrnehmung, Erinnerung und Erleben sind apriori, das heißt, vor ihrer Aufnahme durch den Menschen und vor deren Messung an dessen ethisch moralischem Normensystem, grundsätzlich wertfrei. So sind die einzelnen technischen Schritte zur Herstellung etwa einer Massenvernichtungswaffe in ihrer Wertigkeit durchaus neutral. Erst im Zusammenhang mit ihrer zerstörerischen Zielsetzung und erst recht mit ihrem Einsatz erhalten sie für uns Menschen eine höchst negative Bedeutung. Umgekehrt besteht der durchaus neutrale Charakter einer Aneinanderreihung einzelner Töne und Harmonien zu einem Musikstück so lange, bis dessen Schöpfer und auch dessen Rezipienten den künstlerischen, ja metaphysisch oder transzendent bedeutsamen Gehalt des betreffenden Werks als sinngebend und erhebend erkennen.

Die schier unermessliche Bandbreite der psychologischen Wirkung von als bedeutungsvoll aufgenommenen Informationen bewegt sich also von deren Bewertung als Erleuchtung und Beglückung bis hin zu tiefster Niedergeschlagenheit und Verzweiflung. Dabei ist der Mensch grundsätzlich fähig, kognitiv sowie auf der Handlungsebene aus diesem Tief wieder herauszufinden bzw. er kann, sofern er diesen negativen Zustand als selbstverschuldet sieht, diesen zum Ausgangspunkt für eine entsprechende Umkehr und für einen Aufbruch zu einer Neubesinnung und einem Neubeginn machen.

Dies alles sagt allerdings nichts darüber aus, worin der mögliche letzte Urgrund aller Informationen, also der Protyposis, besteht, und es lassen sich dementsprechend auch auf naturwissenschaftlicher Ebene keinerlei Aussagen über die Herkunft des für »Information« synonym gebrauchten »Logos« als »Anfang aller Dinge« machen, so wie auch nichts über die für uns Menschen relevanten, ethischen Grundprinzipien einer inneren Sinn- und Werteorientierung an sich.

Aber was gesagt werden kann, ist, dass auch für jede innere Sinnfindung und Werteorientierung im offenen System der Quantenphysik jeder die Möglichkeit hat, seine eigenen Fähigkeiten zu entdecken und zu entfalten. Damit haben wir alle die unschätzbare Chance, unsere Zukunft aktiv und kreativ mit zu gestalten. Wer sich dabei über sein individuelles Eigenwohl hinaus auch mit Empathie und Achtsamkeit für sein Umfeld und die Allgemeinheit einsetzt, vermag im Sinn von »Es werde Licht!« sein Potential besonders zum Leuchten bringen.

# VI. Konsequenzen aus der neuen Sichtweise

### Der Tod – das Ende?

Zusätzlich zur Frage nach der Herkunft von uns Menschen und nach dem Sinn unseres Lebens ist auch die mögliche weitere Existenz nach unserem Tod ein Grundthema sämtlicher Religionen bzw. Weisheits- und Heilslehren in West und Ost. Die meisten Religionen sind sich darüber einig, dass der Mensch nicht nur als »Objekt« der Erinnerung, sondern auch als Subjekt weiterlebt. Insofern wird sein »irdisches« Leben als Reifung und Bewährung für den Wechsel in eine andere Welt betrachtet.

Die entwickelten Vorstellungen von der *Art* des Weiterbestehens scheinen bei den verschiedenen Glaubens- und Gedankenwelten jedoch auf den ersten Blick sehr unterschiedlich, in gewisser Weise sogar miteinander genau so unvereinbar zu sein wie viele andere Anschauungen, Lehren und Vorschriften der betreffenden Religion.

Eine besondere Übereinstimmung findet sich innerhalb der drei monotheistischen Religionen. So besteht etwa im Judentum das Leben nach dem Tod zwar zuerst einmal in einem Aufenthalt des Toten in der gottfernen Schattenwelt des *Scheol*. Es gibt jedoch im Alten Testament Hinweise auf ein ewiges Leben nach dem Aufwachen unter der Erde (Dan. 12,2), und andeutungsweise wird auch von einer möglichen *Auferstehung* von den Toten gesprochen (5. Mose 32,39; 1 Sam. 2,6). Das Thema Auferstehung beherrscht in besonderer Weise dann den *christlichen Glauben* nach der

Jesus von Nazareth zugeschriebenen Lehre des Neuen Testaments. Nach der individuellen Aufnahme des Verstorbenen in den Himmel dank der Erlösung durch Jesus Christus erfolgt am Ende der Welt beim *Jüngsten Gericht* die »Auferstehung des Leibes«. Diese versteht sich als eine Wiederherstellung des Leibes und als ewiger Fortbestand der leibseelischen Einheit im Himmelreich als Lohn für alle die, die im Jüngsten Gericht nicht der Verdammung anheimgefallen sind. Auch der Islam kennt die Unsterblichkeit der Seele und eine *ewige Glückseligkeit*. Überaus anschaulich und genau beschrieben wird dabei der Aufenthalt der Seele des Verstorbenen in der Zwischenwelt des »Barzach« bis zum Tag des Jüngsten Gerichts, an dem entschieden wird, ob die mit dem Körper wiedervereinte Seele die Ewigkeit im Himmel oder in der Hölle verbringen wird.

Etwas anders stellt sich in den verschiedenen Schulen des *Buddhismus* die aus dem Hinduismus übernommene Lehre von den *Wiedergeburten* als *Kreislauf von Inkarnationen* mit durchaus unterschiedlichen Schwerpunkten dar. Jede Wiedergeburt ist eine Folge des jeweiligen *Karma* des Verstorbenen, d. h. das Ergebnis seiner Handlungen und Gedanken im vorangegangenen Leben. Diese Wiedergeburt stellt damit eine erneute Chance dar für dessen weitere Schulung und Bewährung im nächsten Leben. Erst durch den Endzustand einer höchsten Erleuchtung oder Erweckung erfolgt das Ende jener Sterbeabläufe und das endgültige Eingehen in das *Nirwana*. Dieses kann in unserer Sprache als *Nichts* im Sinn von »erfüllter Leere« bezeichnet werden und ist ein Zustand bildloser und richtungsloser innerer Ruhe und eines völligen Freiseins von einer Unruhe des Geistes.

Bei einer öffentlichen interreligiösen Begegnung zwischen der spirituellen Leiterin eines buddhistischen Studien- und Meditationszentrums und einem evangelisch-lutherischen

Pfarrer zum Thema »Auferstehung oder Wiedergeburt?«, der ich (F. M.) kürzlich beiwohnte, wurde der christliche Glaube an die Auferstehung in den Himmel und die buddhistische Annahme einer sich neben Himmel und Hölle auch auf Erden vollziehenden Wiedergeburt zuerst einander als etwas eher gegensätzlich Erscheinendes gegenübergestellt. Im Laufe der Diskussion wurde jedoch immer deutlicher, dass es sich bei beiden Positionen um persönliche Überzeugungen handelt, die nur dann tragfähig bzw. realistisch »lebensfähig« bleiben, wenn sie frei von jeder Verdinglichung und dogmatischer Verfestigung erlebt und meditiert und dadurch auch offen kommunizierbar werden. »Auferstehung« und »Wiedergeburt« sind letztlich zwei kulturbedingt unterschiedliche *Metaphern* für etwas letztlich Unvorstellbares und Ungreifbares. Das Gemeinsame an der Vorstellung einer »Auferstehung« und einer »Wiedergeburt« ist die Überzeugung, dass unser Tun als Menschen Auswirkungen auf die Zeit nach dem Tod hat und damit in jedem Fall auch eine Chance für uns beinhaltet. Allgemein nachvollziehbar erscheint auch, im Zusammenhang mit dem buddhistischen »Karma«, dass alles vom Menschen im Laufe seines Lebens Erfahrene und Erlebte auf dessen Bewusstsein eine bleibend nachhaltige und unauslöschlich prägende Wirkung hat und in diesem Sinne über den Tod hinauswirkt.

Sogar für den Skeptiker, der die von den verschiedenen Religionen vertretenen Vorstellungen von einem Weiterleben als Wunschdenken betrachtet, bleibt die »Erinnerung« an einen Verstorbenen und noch mehr der Gedanke an dessen »Weiterleben« durch die Weitergabe seiner biologischen Gene bestehen. Ein von Biologen gern behandeltes Thema ist auch der Versuch einer »Rückführung« unserer Gene über alle Generationen von Lebewesen hinweg bis auf die allererste, vor Jahrmilliarden entstandene RNA- und DNA-Kette.

Aufgrund der fast zahllosen Möglichkeiten von metaphorisch bildhaften Vorstellungen von einem »Weiterleben« nach dem Tod, die immer als Möglichkeit aufgefasst werden und eine dementsprechend offen tolerante Kommunikation erfordern, scheint es uns wichtig, insbesondere auch die Quantenphysik als Physik der Möglichkeiten und der Beziehungen zum Thema »Weiterleben« nach dem Tod zu befragen. Auf der Hand liegt dabei insbesondere das Konzept der Protyposis.

Lässt sich aus diesem Konzept eine Vorstellung von einer Weiterexistenz nach dem Tod entwickeln, aus der ein gewisser gemeinsamer Nenner mit den klassischen Weltreligionen ersichtlich wird?

Von vielen Menschen, die bei einem eben verstorbenen Angehörigen oder Freund Totenwache halten, hört man, dass sich einige Stunden nach Beginn der Totenwache auf dem Antlitz des an sich bereits Hirntoten nochmals eine letzte Veränderung vollzieht, die den Eindruck vermittelt, dass dessen »Seele« erst jetzt wirklich ganz den Körper verlassen hat. Damit endet dann auch ganz die »Beziehung« zum Verstorbenen, und nur dessen Körper bleibt noch präsent. Dies entspricht auch ganz den Vorstellungen buddhistischer Kreise von den verschiedenen Stadien des endgültigen Sterbens, die erst nach dem Zeitpunkt des Hirntods einsetzen und die ein Hinweis sind auf die nur sehr schwer trennbare, enge Zusammengehörigkeit von Leib und Seele. Biologen mögen diese schrittweise Trennung mit einer »Restenergie« erklären, die nach dem eigentlichen Ende jeder Energiezufuhr noch im Körper verblieben ist und bis zu deren vollständigen Abbau eine entsprechende Zeit benötigt. So wie sich im Tod eine nur schrittweise Trennung von Körper und Seele bzw. von einem eng zusammengehörenden Körper und Geist vollzieht, so ist auch bei der Vorstellung von der Entstehung des Menschen eine solche ganzheitliche Zusammengehörigkeit zu postulieren. So wird in der jüdisch-christlichen Schöpfungsgeschichte angenommen, dass erst dann, als Gott in den von ihm geschaffenen Klumpen Lehm die Seele »einhauchte«, der lebendige Mensch entstand.

Nimmt man die Existenz von Quanteninformationen im Sinne einer Protyposis an und betrachtet diese als das Urprinzip von Materie, Leben und Bewusstsein und damit als gemeinsame Grundlage von Körper und Seele, dann muss man in jedem Lebewesen die Existenz quasi einer *Schaltstelle* annehmen, die sämtliche während des Lebens milliardenfach einlaufenden Informationen von außen mit den bereits gespeicherten Informationen und den Informationen über die Befindlichkeit des eigenen Körpers miteinander verknüpft und zur Aufrechterhaltung des labilen Gleichgewichts, das wir Leben nennen, nutzt. Es verarbeitet diesen Informationskomplex im Gehirn zu bedeutungsvollen kognitiven Inhalten und steuert die daraus folgenden Handlungsimpulse. Diese Schaltstelle kann sozusagen als *Kernselbst* für jedes einzelne Individuum angesehen werden und bleibt prägend für das ganze individuelle Leben bis zum Tod. Es könnte dem entsprechen, was die Menschen schon seit alters her intuitiv als Seele empfinden oder auch als das, was im Buddhismus gern als geistiges Kontinuum zwischen Tod und Wiedergeburt betrachtet wird. Das Kernselbst ist somit nicht das materielle Gehirn, sondern ein geistiges Zentrum, welches jedem höheren Lebewesen eigen ist. Der Mensch hat aufgrund seiner Sprache und seiner technischen Errungenschaften ein so riesiges Spektrum an lebenslang gesammelten und im Kernselbst verrechneten, verarbeiteten und für mögliche Handlungen genutzten Informationen, dass bei dieser Spezies dieses Kernselbst besonders stark ausgeprägt ist. Im Sinn des Protyposis-Konzepts ließe sich denken, dass das Kernselbst im Prozess des Sterbens alle körperbezogenen Informationen zurücklässt, sich von jeder Materie unabhängig macht und als Gesamtheit aller übrigbleibenden, geistigen Informationen, den Körper verlässt. In diesem Sinne ist unter quantenphysikalischen Gesichtspunkten ein Weiterleben unseres Kernselbst bzw. eine Fortexistenz unserer Kernidentität nach dem physischen Tod nicht auszuschließen – ganz abgesehen von der Frage, *wie* diese Weiterexistenz aussehen und wie lange dieser neue Zustand bis zu dessen möglicher, allmählicher Wiederauflösung oder Veränderung in einen weiteren neuen Zustand hinein auch andauern mag. Anders als in den auf möglichst konkrete Anschaulichkeit mit oft drastischen Ausschmückungen und auf Verbindlichkeit bedachten großen Weltreligionen lässt sich aus der Quantenphysik heraus – aufgrund der immateriellen, nicht mehr an einen Körper gebundenen Existenz des Kernselbst – über mögliche, über Meditation gewonnene und im Dialog vertiefte, individuelle Vorstellungen hinaus nichts Allgemeinverbindliches über eine Weiterexistenz nach dem Tod aussagen. Dies betrifft sowohl die uns verborgen bleibenden, möglichen postmortalen Inhalte einer möglichen »Selbstreflexion« seitens des Kernselbst als auch dessen »Außenschau« auf den uns umgebenden Kosmos mitsamt einer angenommenen Sinnhaftigkeit und einem möglichen schöpferischen göttlichen Ursprung von allem, was uns genau so wenig bekannt sein kann.

Unter dieser Voraussetzung dürfte auch die Vorstellung von voneinander getrennt irgendwo im All schwebenden, geistigen Individuen unrealistisch sein. Das nach dem Tod irgendwie weiterexistierende Kernselbst lässt sich ähnlich wenig räumlich begrenzt denken wie die Vielfalt der einzelnen, in ihm enthaltenen Informationen. Jedes individuelle Kernselbst dürfte, ähnlich wie die masselose Materie der

Photonen, den gesamten Kosmos erfüllen und dieses »unendlich ausgedehnte« Kernselbst dürfte somit »räumlich« wie »zeitlich« in alle anderen Kernidentitäten gleichzeitig ineinandergreifen – eine Vorstellung, die uns leicht unseren ärmlich begrenzten Verstand rauben könnte, wollte man versuchen, deren Inhalt ernsthaft bis ins Letzte zu ergründen. Entsprechend dem quantenphysikalischen Grundprinzip der Potentialität dürfte es stattdessen angemessener sein, jede Beschaffenheit einer Weiterexistenz nach dem Tod offenzulassen, und es dürfte sinnvoller sein, sich damit zu begnügen, dass uns die Perspektive einer Fortexistenz von uns wie auch immer im Angesicht des Todes möglicherweise einen inneren Halt geben und uns mit einer nie endenden Neugierde auf alles nach dem Tod eventuell Folgende erfüllen könnte.

### Willensfreiheit?

Alle Religionen und alle philosophisch-ethischen Systeme lehren, dass bestimmtes Verhalten gut, anderes schlecht sei und erwarten von den Menschen, dass sie das Gute anstreben und das Schlechte vermeiden, um zu einem besseren Leben zu gelangen. Das wäre völlig unsinnig, wenn, wie man früher in der klassischen Physik annahm, alles deterministisch ablaufen würde. Selbst wenn der Mensch neben dem Körper, der ja dann dem Determinismus unterliegen würde, eine Seele hätte, hätte er keinerlei Möglichkeit, sein Handeln entsprechend der ethischen oder religiösen Überzeugung zu steuern, außer er wäre genau dazu determiniert. Aber verantwortlich für sein Handeln wäre er dann auf keinen Fall. Denn es wäre ja alles vorbestimmt. Glücklicherweise wurde dieser konsequente Determinismus nie wirklich als Grundlage unseres Lebens und unserer Rechtsprechung betrachtet, was aber eine gewisse Schizophrenie bedeuten würde, wenn der Determinismus tatsächlich gelten würde.

Seit der Quantenphysik ist dieser konsequente Determinismus glücklicherweise widerlegt. Zunächst wurde deutlich, dass ein Beobachter niemals den totalen Zustand der Welt erkennen kann, weil er selbst Teil dieser Welt ist. Aber das allein wäre ja kein Argument gegen den Determinismus. Es könnte ja alles vorherbestimmt sein, aber wir können nicht wissen wie. Viel wichtiger ist die Tatsache, dass, wie wir gesehen haben, die Quantenphysik eine Physik der Möglichkeiten ist. Jedes Elementarteilchen hat in jedem Moment unterschiedliche Möglichkeiten der Weiterentwicklung. Zwar ist die Menge der Möglichkeiten und die Häufigkeit, mit der sie realisiert werden, klar vorgegeben, es herrscht also keine Beliebigkeit, aber welche Möglichkeit ein einzelnes Elementarteilchen realisieren wird, ist nicht vorhersehbar. In der klassischen Physik gelten die Naturgesetze, so dass die Entwicklungen weitestgehend determiniert zu sein scheinen. Daher wirkt die Welt um uns so klar regelgelenkt und determiniert. Aber die Naturgesetze sind statistische Wahrheiten, sie sind deshalb so eindeutig, weil an jedem Vorgang so viele Elementarteilchen beteiligt sind, dass sich die Abweichungen von der häufigsten Möglichkeit gegenseitig aufheben. Die klassische Physik beschreibt mit diesen Gesetzen die Gesetzmäßigkeiten in unbelebten materiellen Systemen. In Lebewesen mit ihrem labilen Fließgleichgewicht spielen die quantischen Vorgänge eine viel größere Rolle als bei unbelebten Dingen. Daher sind Lebewesen viel weniger vorherbestimmt.

Aber auch, wenn es rein von Zufällen abhinge, welche der verschiedenen Möglichkeiten im Einzelfall realisiert würden, könnten wir unser Handeln nicht steuern, sondern wären dem blinden Zufall ausgeliefert. Erst wenn man sich klarmacht, dass die Materie nicht aus kleinsten Materie-Teilchen besteht, sondern letztlich aus bedeutungsfreier Information, also aus Protyposis kondensiert ist, die auch die Grundlage des Geistigen bildet, kann man annehmen, dass das Geistige auf die Materie einwirken kann, dass wir also mit unserem Willen und unseren Überzeugungen auch unser Handeln lenken und damit die Zukunft der Welt mitgestalten können. Was dann aber Willensfreiheit genau heißt, darüber ist es wert, ausführlicher nachzudenken.

Seit dem Urknall entwickelte sich in unserem Kosmos nach heutiger Überzeugung die Protyposis zu immer komplexeren Strukturen bis hin zu umfangreichen Handlungsmöglichkeiten bei Lebewesen. Schon die Fruchtfliege, ein uns allen bekanntes winziges Tierchen, ist genetisch mit einem großen Arsenal an Handlungsmöglichkeiten ausgestattet. Sie kann fliegen, krabbeln, sich putzen, sich drehen, balzen, Eier legen und noch einiges mehr. In Versuchen kann man zeigen, dass sie offensichtlich wählen kann, welches Verhalten sie aktivieren will. Setzt man viele Fruchtfliegen in ein Reagenzglas vor eine Lichtquelle, so werden achtzig Prozent der Fliegen zu der Lichtquelle laufen, während zwanzig Prozent sitzen bleiben. Setzt man in einem zweiten Versuchsdurchgang diese zwanzig Prozent wieder in ein Reagenzglas vor eine Lichtquelle, werden sich wieder etwa achtzig Prozent dieser Gruppe zum Licht hin bewegen, während etwa zwanzig Prozent sitzen bleiben.

Das heißt, schon ein so primitives Insekt wie die Fruchtfliege ist in ihrem Verhalten nicht völlig festgelegt. Es kann bei gleicher äußerer Situation sitzen bleiben oder sich auf eine Lichtquelle zubewegen. Je nach Zustand ihres eigenen Körpers wird sie zu dem Licht hinkrabbeln und vielleicht dort Nahrung finden, oder sitzen bleiben und so Energie sparen. Wenn man sich klarmacht, dass sämtliche Lebewesen sich in Milliarden von Jahren aus der ersten sich teilenden, vermehrenden und so überlebenden DNA entwickelt haben, so ist deutlich, dass auch der Wille, das was wir heute als unseren Willen erleben, sich irgendwann in diesem Prozess entwickelt haben muss. Die Spezies Fruchtfliege hat heute zwar eine genauso lange Entwicklungszeit seit der ersten Ursprungs-DNA hinter sich wie der Mensch, aber sie blieb in ihren Strukturen doch relativ einfach, so dass man an ihr vielleicht verstehen kann, wie der Wille sich entwickelt haben könnte.

Wenn die Fliege in identischen äußeren Bedingungen unterschiedliche Verhaltensmöglichkeiten hat, dann bedeutet das einen Überlebensvorteil, denn sie kann je nach ihren inneren Bedingungen das Verhalten zeigen, das das labile Gleichgewicht, welches das Leben ausmacht, aufrechterhält. Das aber bedeutet, dass es in der Fliege eine Art Zentrum geben muss, wo die Information über den Zustand der inneren Bedingungen der Fliege, also aus der Fliege selbst, mit den Informationen über die äußeren Bedingungen verknüpft und dann das für das Überleben günstigste Verhalten in Gang gesetzt wird.

Diese Wahlmöglichkeit ist eine der Voraussetzungen für den Willen. Aber eine solche Wahl hat natürlich nur Sinn, wenn die Fliege eine Vorstellung von den Konsequenzen eines Verhaltens hat, die ebenfalls mit diesem Zentrum des Selbst verbunden ist. Solche Vorstellungen entwickeln die Fliegen offensichtlich durch Erfahrungen. In biologischen Versuchslabors bringt man Fliegen in Situationen, die sie noch nie erlebt haben, so dass man schauen kann, wie sie sich an diese Umweltbedingungen anpassen. Man setzt die Fliegen beispielsweise auf eine Platte, die so flach abgedeckt wird, dass die Fliege nicht wegfliegen kann. Dann erwärmt man die Platte, so dass es der Fliege etwas unangenehm ist, richtet es aber so ein, dass die Platte wieder kalt wird, wenn die Fliege nach links läuft, wieder warm, wenn sie nach rechts läuft. Innerhalb weniger Sekunden hat die Fliege das gelernt und verhält sich entsprechend. Bis sie das allerdings gelernt hat, bewirkt das Erwärmen der Platte zunächst ein hektisches Suchverhalten. Die Fliege aktiviert lauter angeborene Verhaltensmuster wie sich putzen, den Rüssel ausfahren oder die Flügel bewegen, bis sie das erfolgreiche Verhalten gefunden hat. Welche Verhaltensweisen die Fliege in ihrem Suchverhalten aktiviert und in welcher Reihenfolge, das scheint völlig zufällig zu sein. Sobald sie aber das Verhalten gelernt hat, kann sie es gezielt einsetzen. Dann ist es nicht mehr zufällig. Das heißt, die Fliege hat zwar ein ganzes Arsenal an angeborenen Verhaltensweisen, aber sie lernt schnell die Folgen dieses Verhaltens und kann es dann für sich sinnvoll einsetzen. Sie kann sogar ganze Verhaltensketten aufbauen und zielgerichtet einsetzen.

Besonders gut konnte man das bei folgendem Versuch sehen: Man setzte eine Fliege ohne Flügel in einen engen Käfig, wo sie nur über einen schmalen Draht zu einem ihr sehr wichtigen Ziel krabbeln konnte, was die Fliege bald lernte. Dann schnitt man eine Lücke in den Draht, die die Fliege nur mit äußerster Mühe überwinden konnte. Da konnte man beobachten, wie die Fliege immer wieder neues Verhalten probierte, um auf die andere Seite zu kommen. Sie streckte ein Bein vor. Wenn sie damit das andere Ende nicht erreichen konnte, versuchte sie es mit dem anderen Bein. Wenn auch das nicht den Erfolg brachte, veränderte sie noch einmal ihre gesamte Körperhaltung. Wenn sie das andere Ende erreicht hatte, suchte sie dort nach Halt, um dann den Körper nachziehen zu können. Und manchmal scheiterten Fliegen auch an dieser Aufgabe, konnten sich jedoch meist wieder aufrappeln.[58] Dieses Verhalten der Fliege war eindeutig zielgerichtet. Beim Menschen würden wir sagen, er *wollte* unbedingt zum Ziel klettern. Bei der Fliege wissen wir nicht, ob mit diesem Verhalten das Gefühl des Wollens verbunden ist. Aber die Fliege ist offensichtlich zu zielgerichtetem Verhalten befähigt, was eine Voraussetzung für das ist, was wir als unseren Willen erleben.

Und was ist, wenn die Fliege widersprüchlichen Bedürfnissen ausgesetzt ist, wenn sie beispielsweise Hunger hat, gleichzeitig ein balzender Artgenosse in der Nähe ist und ein Gewitter droht? Dann muss sich die Fliege entscheiden. Dafür muss sie die Auswirkungen ihres Verhaltens einschätzen können. Und wenn sie sich verschätzt und beim Fressen von einem Regentropfen erschlagen wird, weil sie keinen Schutz gesucht hat, hat sie verloren.

Man sieht also auch schon bei einer Fliege ganz wesentliche Elemente, die bei uns zum Wollen dazu gehören. Auch bei der Fliege müssen die Wahrnehmungen aus der Umwelt irgendwo mit ihren Verhaltensmöglichkeiten und ihrer »Lebenserfahrung«, das heißt mit den gelernten Folgen des Verhaltens kombiniert und vielleicht »verrechnet« werden, um sich angepasst zu verhalten und zu überleben. Diese Zentrale, in der die Innensignale mit den Außensignalen verknüpft werden und zu sinnvollen Handlungsimpulsen führen, könnte man als den Kern der Fliege bezeichnen, als sein Kernselbst, welches sein Überleben ermöglicht.[59] Wir nehmen an, dass der Fliege alles das nicht bewusst ist, sondern dass es automatisch geschieht. Aber wissen wir das? Wissen wir, ob bei diesem »Berechnen« Gefühle und Stimmungen entstehen, in denen sich die Entscheidung dann zeigt, so wie bei uns?

Je komplexer die Lebewesen, desto umfangreicher sind auch ihre Handlungsmöglichkeiten und ihre verschiedenen

Bedürfnisse für die Aufrechterhaltung des Lebens. Desto umfangreicher und komplexer muss auch das Kernselbst organisiert sein. Bei einer Hummelkönigin beispielsweise sind die Verhaltensmöglichkeiten schon so weit entfaltet, dass sie umfangreiche Brutpflege betreibt. Sie legt nicht einfach nur Eier, aus denen dann Hummeln werden, sondern sie sucht sich ein Loch, zum Beispiel in altem Holz, baut eine Eiwiege, sammelt Nahrung und bebrütet und füttert die Larven, öffnet dafür die Eiwiege und verschließt sie immer wieder, so dass die Larven die richtige Temperatur und Luftfeuchtigkeit haben. Und wenn die Larven wachsen und die Eiwiege dadurch zerreißt, repariert und vergrößert die Königin sie wieder. Alles das ist natürlich für den Fortbestand dieser Spezies ein großer Vorteil. Aber das bedeutet eine viel komplexere Verschaltung der Steuerungszentrale. Und in diesen Komplex der Verschaltungen ist nicht nur die Information über den körperlichen Zustand der Hummel eingewoben, sondern auch die offensichtlich genetisch gespeicherten Notwendigkeiten für die Brutpflege, also längerfristige Ziele, die über die direkten Überlebensnotwendigkeiten dieses Tieres hinausgehen.

Wenn die Hummelkönigin ein passendes Loch für ihre Brut gefunden hat, kann man bei ihrem ersten Ausflug beobachten, wie sie sich am Ausgang des Lochs umdreht, es betrachtet und dann in Orientierungsflügen in immer größeren Kreisen um das Loch herum fliegt, um sich den Ort einzuprägen und ihn wiederzufinden. Das heißt, die Hummelkönigin hat ein Konzept der Umgebung, in der sie das Futter für die Larven sucht, und versucht nun, sich die Lage ihres Brutlochs zu merken. Offensichtlich werden die bei ihren Flügen gesammelten Wahrnehmungen aus der Umgebung gespeichert und in einer Zentrale zu einer Gesamtvorstellung verknüpft. Ob die Hummel auch ihre genetisch vorgegebenen Aktivitäten zur Brutpflege speichert und zu einem Gesamtkonzept verknüpft, so dass sie die verschiedenen Handlungsmöglichkeiten kennt? Denn auch sie begegnet natürlich immer wieder mehreren verschiedenen Anforderungen gleichzeitig, und sie muss dann wählen, welcher sie nachkommt. Zumindest ist deutlich, dass bei ihren Entscheidungen über die nächsten Handlungen nicht nur die Wahrnehmungen über den Gleichgewichtszustand in ihrem eigenen Körper eine Rolle spielen, sondern auch schon die Signale über den Zustand ihrer Brut. Sie hat also auch schon weiterreichende Ziele, die nicht nur ihr eigenes Überleben betreffen, sondern auch den Fortbestand ihrer Gene.

Bei höheren Säugetieren erscheint uns die Brutpflege schon fast selbstverständlich. Aber es gibt einzelne Beobachtungen, bei denen die Ziele von Säugetieren weit über die Pflege der eigenen Nachkommen hinauszugehen scheinen. Zweimal begegneten uns im Fernsehen Filmaufnahmen von Flusspferden, die Tieren einer anderen Spezies halfen. In einem Film hatten Tierfilmer eine Wasserstelle in Afrika vor der Kamera, an der Antilopen tranken. Auf einmal kam ein Krokodil, schnappte sich eine Antilope und zog sie ins Wasser. Da aber tauchte ein Flusspferd auf. Das Krokodil flüchtete. Anscheinend kann solch ein Flusspferd den Krokodilen gefährlich werden. Dann aber hob und schubste das Flusspferd die verletzte Antilope ans Ufer. Die Tierfilmer reagierten völlig überwältigt, weil sie das noch nie gesehen hatten. Eine zweite Aufnahme zeigte ein Entenküken, das im Zoo in das Wasserbecken der Nilpferde gefallen war und nicht mehr hinauskam, weil die Kante des Beckens zu hoch war. Ängstlich piepsend stand es unterhalb der Kante auf einem Vorsprung, bis ein Nilpferd kam und es mit seiner Schnauze über die Kante hob. Von Delphinen wird berichtet, dass sie Menschenkinder vor dem Ertrinken bewahrt haben. Alles das sind willentliche Handlungen, die nicht mehr die eigene Spezies, sondern fremde Tiere betrafen. Heißt das, dass es Säugetiere gibt, denen der Erhalt von Leben überhaupt, also auch außerhalb ihrer eigenen Spezies, ein Ziel ist, welches sie in ihrem Handeln berücksichtigen können? Wie kommt das zustande? Gibt es gespürte Verbindungen, die diese Tiere die Notsituation erfassen lassen und zum Eingreifen bringen? Das Piepsen des Entenkükens ist kein Signal, das den Nilpferden genetisch als Handlungsaufforderung mitgegeben wäre. Das Flusspferd muss die Not des Tieres verstanden haben, möglicherweise auf Kanälen, die wir als Fernwahrnehmung beschrieben haben. Aber das Handeln zeigt in diesen Fällen als Ziel den Erhalt von Leben überhaupt. Sicher sind solche Verhaltensweisen bei Tieren Einzelfälle, sonst bekäme man sie öfter vor die Kamera. Aber dass sie möglich sind, ist eine neue Entwicklungsstufe auf dem Weg zu dem, was wir beim Menschen als Willen kennen.

Auch der Mensch kommt mit angeborenen Verhaltensmustern auf die Welt. Er schreit, strampelt und zappelt mit den Ärmchen, wenn er Hunger hat. Das heißt, er aktiviert verschiedene Verhaltensmuster in unterschiedlicher Mischung. Allmählich sammelt er »Lebenserfahrung«. Er merkt, dass er bei manchen Armbewegungen eine Bewegung der bunten Kugeln in seinem Gesichtsfeld verursacht und rasselnde Geräusche hört und beginnt, diese Bewegungen häufiger zu wiederholen, bis er die über seinen Wagen gespannte Rasselkette gezielt in Bewegung setzen und vielleicht greifen kann. Im weiteren Verlauf der Entwicklung allerdings kommen beim Menschen die Sprache und später die weiteren Kulturtechniken hinzu. Dadurch beinhaltet die »Lebenserfahrung« der Menschen bald nicht mehr nur das selbst Erlebte, sondern auch alles Gehörte, Gesehene oder Gelesene. Und sehr vieles davon wird gespeichert und in seinem Kernselbst mit zur Handlungsplanung verwendet. Damit kann der Mensch viel komplexer und differenzierter die Folgen seines Handelns erkennen und abschätzen. Und mit den heutigen Kommunikations- und Speichermedien kann er sich über viel mehr langfristige Folgen seines Handelns informieren. Deswegen kann er in seiner Handlungsplanung nicht nur den Erhalt seines eigenen Lebens, seiner Kinder und Enkel oder sogar des ihn umgebenden Lebens berücksichtigen, sondern er kann den Zustand des ganzen Globus, unsere Lebensgrundlage, erkennen und in seinem Handeln mit berücksichtigen.

Wenn die Fliege die Folgen ihres Handelns falsch einschätzt und beispielsweise nicht rechtzeitig vor dem Gewitterregen flieht, kommt sie um. Es gibt also schon bei der Fliege gutes und schlechtes Verhalten, aber das betrifft nur ihr eigenes Überleben. Bei der Hummel, die Brutpflege betreibt, gibt es schon mehr Aspekte, die in der Handlungsentscheidung berücksichtigt und ins Gleichgewicht gebracht werden müssen. Wenn die Hummel nur ihren Hunger und ihr Ruhebedürfnis berücksichtigt, geht die Brut zugrunde. Wenn sie allerdings zu sehr mit ihrer Brut beschäftigt ist, könnte sie selbst verhungern. Dies würde auch das Ende der pflegebedürftigen Brut bedeuten. Es gibt also auch dort arterhaltendes, also gutes Verhalten und ein schlechtes Verhalten, welches dem Fortbestand dieser Spezies schadet.

Allerdings empfinden wir die Tiere in der Regel als unschuldig, weil wir ihnen weniger Verantwortung für ihr Verhalten zubilligen. Worin also liegt der wesentliche Unterschied, der uns zu dieser Einschätzung bewegt? In der Fähigkeit, das eigene Handeln zu steuern und zwischen verschiedenen Handlungsoptionen zu wählen, liegt er nicht. Das kann schon die Fruchtfliege. Auch zielgerichtet etwas zu wollen, ist schon der Fliege möglich. *In diesem Sinne* hat auch die

Fliege schon einen »freien Willen«. Denn auch unser Wille ist, genau wie bei den Fliegen oder den Hummeln, stark von den Bedürfnissen unseres Körpers, unserer »Brutpflege« und den äußeren Bedingungen, in die wir das alles einpassen müssen, bestimmt. Der wesentliche Unterschied ist unser viel größerer Entscheidungshorizont und unser Bewusstsein davon, wie wichtig das Geistige, wie wichtig unser Einfluss auf die Welt ist, und wie gefährlich manche von uns verursachten Entwicklungen für die Welt, unsere Lebensgrundlage, sind. Einem geistig behinderten Menschen, dem die geistigen Möglichkeiten fehlen, billigen wir ähnlich wenig Verantwortung für sein Verhalten zu wie etwa dem Nilpferd. Im Grunde ist also die Frage nach der Willensfreiheit nicht eine Frage nach der Steuerungs- oder Wahlmöglichkeit. Der Unterschied besteht wohl eher in der Möglichkeit, die Verhaltensziele aus einem sehr viel größeren Pool zu wählen. Dieser Pool ist gefüllt mit einem unglaublich großen Arsenal von Verhaltensoptionen und den durch Wissen ausdifferenzierten Vermutungen darüber, was wir durch ein bestimmtes Verhalten erreichen. Es ist also nicht die Freiheit, etwas zu wollen, die den Unterschied ausmacht, sondern der Horizont der Ziele, die wir uns wählen können.

## Kreativität, Kooperation und konstellatives Denken

So wie den Menschen das Denken, die Bedeutung der Liebe und die Möglichkeit, Wissen zu erwerben, erst allmählich bewusst wurde, so kann man sehen, dass auch im letzten Jahrhundert den Menschen Aspekte ihres Daseins bewusst wurden, die es zwar immer schon gab, die aber bis dato noch nicht in das Zentrum der Aufmerksamkeit gerückt waren. Interessanterweise passen diese Aspekte gut zu den Erkenntnissen der Quantenphysik, obwohl sie eigentlich ganz unabhängig davon in die Diskussion kamen. Es ist quasi so, als ob das neue Denken allgemein in der Luft gelegen hätte.

Im Jahr 1890 veröffentlichte der Philosoph Christian von Ehrenfels seine Erkenntnis, dass unsere Wahrnehmung Ganzheiten aus einzelnen Teilen bildet. So werden etwa zwölf willkürlich angeordnete Linien auf einem Papier als zwölf einzelne Linien bezeichnet. Bei einer bestimmten Anordnung jedoch benennt sie jeder, der sie sieht, als Würfel. Aus dieser Erkenntnis entstand seit Beginn des 20. Jahrhunderts ein Zweig der Psychologie, der sich mit der Frage beschäftigte, wie es kommt, dass wir in unserer Wahrnehmung einzelne Elemente zu einer Gesamt-Gestalt zusammenfügen, die nicht eine einfache Summe dieser Elemente, sondern etwas deutlich anderes ist. Gemalt hatten die Menschen schon seit alters her. Aber die Frage, wie aus unterschiedlichen Farbflächen oder Linien eine Gesamt-Gestalt entsteht, die etwas völlig Neues bedeutet, war neu. Den Menschen wurde sozusagen bewusst, dass die Gesamt-Gestalt etwas völlig anderes ist als die Summe ihrer Teile, oder wenn man es anders herum betrachtet, dass Ganzheiten, die uns selbstverständlich sind, aus Teilen bestehen, die etwas ganz anderes sind als diese Ganzheit, aber so aufeinander wirken, dass etwas Neuartiges entsteht. Bei dem Würfel aus den zwölf Linien ist es die Konstellation, die uns dazu bringt, ein räumliches Ganzes zu sehen, das dort gar nicht ist. Ebenso bei einem Musikstück, das aus einzelnen Tönen besteht, bewirkt die Konstellation und nicht die einzelnen Töne, dass wir vielleicht andächtig zuhören. Diese Ganzheit bleibt sogar bestehen, wenn wir das Musikstück in eine andere Tonlage transformieren, so dass alle Töne verändert werden, nur die Konstellation die gleiche bleibt. Auch Lebewesen bestehen aus einzelnen Teilen, Gliedmaßen und Organen, und doch ist das Lebewesen sehr viel mehr als die Summe dieser Teile. Hier wird diese neue Einheit nicht allein durch die Konstellation der einzelnen Teile gebildet, sondern durch intensive Wechselwirkung aller Teile untereinander, die so intensiv ist, dass Lebewesen niemals in ihre Teile zerlegt und dann wieder zusammengesetzt werden könnten, worauf der Biologe Ludwig von Bertalanffy hinwies (Biophysik des Fließgleichgewichtes 1953).

Diese Erkenntnisse entstanden zur gleichen Zeit, als sich die Elementarteilchenphysik entwickelte. Auch dort entdeckte man, dass die uns selbstverständlichen Ganzheiten, die Atome unserer Materie, aus Elementarteilchen bestehen, die etwas völlig anderes sind als unsere Materie, aber so in Beziehung und Wechselwirkung miteinander treten, dass unsere Welt daraus entstanden ist. Und auch dort gibt es die eher lockere Beziehung der Atome zu anderen Atomen, die etwa zu Molekülen führen, die zwar etwas Neues darstellen, aber durchaus wieder in ihre Elemente aufgespalten werden können, während es auch die intensive Wechselwirkung der Teilchen untereinander gibt, etwa im Atomkern, bei denen der Versuch, sie in ihre Einzelteile zu zerlegen, zu ihrer Zerstörung führt.

Die Gestaltpsychologie entwickelte sich weiter und man begann, nicht nur die Lebewesen als große, sehr komplexe Systeme zu betrachten, sondern zu erkennen, wo überall ganze Systeme bestehen, deren Wechselwirkungen miteinander man erkennen, untersuchen und vielleicht optimieren kann. Jeder Industriebetrieb, jede Stadt, jeder Staat, jede Institution bildet ein eigenes System. Dies gilt auch für komplexere Maschinen wie zum Beispiel Autos.

Inzwischen hat sich diese Einsicht so weit entwickelt, dass deutlich wurde, dass unser seriell-logisches und maßgeblich sprachgebundenes Denken im Kontext solcher Systeme recht fehleranfällig ist. Komplexe Entscheidungen in großen Systemen erfordern, dass man die dafür wichtigen Faktoren erkennt, gewichtet und die verschiedenen Konstellationen im Blick behält und gegeneinander abwägt. Sprachlich-logisches Denken läuft vorrangig in einem Nacheinander ab. Und wenn man zehn wichtige Faktoren verbal benennt und begründet gewichtet, sind die ersten Faktoren vergessen, wenn die letzten genannt wurden. Deshalb fordert die Parmenides-Stiftung eine deutliche Förderung des sogenannten konstellativen Denkens. Diese Form des Denkens ist dem sequentiell-linearen Denken parallel geschaltet und auf die gleichzeitige Erfassung, Bedeutungszuweisung und Beurteilung von Signalkonstellationen spezialisiert.[60] Konstellatives Denken lässt sich über das visuelle Denken (perzeptive und produktive Bildkompetenz) fordern und fördern, und seit einigen Jahren werden hierzu auch schon konkrete Unterrichtsformen entwickelt.[61]

Eine andere Denkrichtung, die sich aus der Gestaltpsychologie entwickelte, ging der Frage nach, wie Menschen dazu kommen, Neues zu schaffen. Früher galten große Künstler, Forscher oder Denker, wie etwa Michelangelo, Goethe oder Einstein als Genies, die bewundert wurden. Jetzt erkannte man, dass ja jeder Mensch die Fähigkeit hat, Gesehenes im Kopf zu Ganzheiten zu formen, was eine kreative Leistung ist. Unser Gehirn ist also auf *Kreativität* hin angelegt. Daher begann man darüber nachzudenken, wie man die Kreativität fördern und so noch mehr Menschen dazu befähigen kann, die Entwicklung unserer Welt positiv voranzubringen. Denn, so erkannte man, letztlich fußt unsere gesamte Kultur auf kreativen Akten ungezählter namenloser Menschen. Im 12. Jahrhundert beispielsweise wurden die Lichtöffnungen in den Burgen durch in Blei gefasste dünne Butzenscheiben verschlossen. Diese waren zwar nicht sehr gut lichtdurchlässig, aber es kam auch im Winter Tageslicht hindurch, ohne dass man frieren musste. Bis heute wurden in vielen einzelnen kreativen Schritten diese Butzenfenster zu übermannsgroßen, völlig klaren Fensterscheiben weiterentwickelt, die sogar mindestens so wärmeisolierend wirken wie eine Steinmauer. So begannen namhafte Psychologen wie etwa Erika Landau[62] oder später Mihály Csíkszentmihályi[63] zu erforschen, welche Faktoren Kreativität begünstigen und welche Fähigkeiten in den Menschen trainiert werden müssen, um ihre intellektuelle Kreativität freizusetzen. Dabei wurde deutlich, dass Kreativität gerade auf den quantischen Möglichkeiten in unserem Denken beruht. So wie Elementarteilchen in jedem Moment viele Möglichkeiten der Weiterentwicklung haben, so hat auch unser Denken gerade in entspannten, nicht so zielgerichteten Momenten oft viele verschiedene Alternativen parat, die zunächst nur als kurzlebige Anmutungen auftauchen. Diese wahrzunehmen, weiter auszubauen, auszuspinnen und so neue Wege zu wagen, die erst etwas später durch logische Prüfungen korrigiert und ausgebaut werden, ist eine wesentliche Fähigkeit kreativer Menschen.

Und noch ein weiterer Faktor, der mit dem entstandenen systemischen Denken unmittelbar in Beziehung steht, gelangte in den letzten fünfzig Jahren verstärkt in unsere Aufmerksamkeit, nämlich die *Kooperation*. Darwin hatte in seiner Entwicklungsgeschichte der Lebewesen sehr die Mutation und Selektion, das heißt den Überlebenskampf der einzelnen Spezies gegeneinander herausgestellt. Zweifellos spielt dieser Überlebenskampf immer auch eine Rolle. Das hatte in den auf Darwin folgenden hundert Jahren mit zu einer immer größeren Betonung des Individualismus und schließlich sogar des Egoismus beigetragen, so dass Richard Dawkins sogar ein Buch veröffentlichen konnte mit dem Titel »Das egoistische Gen« (Springer-Verlag 1976). Aber der Blick auf die sozialen Systeme zeigte den Menschen, wie wichtig auch die Kooperation der Menschen untereinander ist. Kein einziges soziales System würde funktionieren, wenn die Menschen nicht miteinander kooperieren würden. Und so wurde in der Psychologie kooperatives Verhalten erforscht. Es wurden Modelle entwickelt, wie man Kooperation nicht als Kampfsituation, sondern als eine Situation gestalten kann, in der alle Kooperationspartner gewinnen. Auch das haben die Menschen schon seit Urzeiten praktiziert. Aber dadurch, dass es den Menschen jetzt bewusst wurde, kann es bewusst in immer mehr Bereichen eingeführt werden. Und so ist zu beobachten, wie gelegentlich Politiker schon Kriege zu vermeiden suchen, indem sie in Verhandlungen treten mit dem Ziel, solche Win-win-Situationen zu schaffen.

Und noch etwas hat sich – auch durch die Quantenphysik – in den letzten einhundert Jahren verändert. Durch die – auf der Quantenphysik basierende – Entwicklung von Computern, Handy und Internet verfügen wir nicht nur über die Sprache und die traditionellen Speichermedien, die uns ermöglichen, unseren Horizont zu erweitern und dieses Wissen für uns zu nutzen. Inzwischen können wir uns jederzeit auch global über den Jetzt-Zustand unserer Welt an den verschiedensten Orten informieren. Dies ist auch dringend notwendig. Denn als 1968 der Club of Rome das erste Mal auf die Folgen unseres die Ressourcen der Welt ausbeutenden Verhaltens hinwies und Alarm schlug, waren das ganz neue Gedanken. Inzwischen ist uns durch die weltumspannenden Informationsmöglichkeiten unausweichlich bewusst geworden, dass wir für die Erhaltung und Pflege unserer Lebensgrundlage, der Erde, mit verantwortlich sind und dass allzu große Gier, Verschwendungssucht, aber auch Kriege und Machtgier zum Aussterben der Spezies Mensch führen können. Wenn wir daran denken, dass der Unterschied zwischen den Menschen und der Fliege nicht darin besteht, dass die Fliege keinen freien Willen hätte, sondern darin, dass wir Menschen ein viel größeres Spektrum an Handlungsmöglichkeiten haben und eine durch Sprache und Wissen viel größere Möglichkeit, die Folgen unseres Handelns im Voraus abzuschätzen, dann wird deutlich, dass diese daraus resultierende Verantwortung für unser Handeln in den letzten fünfzig Jahren noch einmal deutlich gestiegen ist. Noch sind wir damit weitgehend überfordert. Aber das Bewusst-Werden der Trias von Kooperation, konstellativem Denken und Kreativität lässt darauf hoffen, dass hier ein Weg gefunden wurde, der helfen kann, der Verantwortung besser gerecht zu werden.

Glücklicherweise zeigte Joachim Bauer in seinem Buch »Das kooperative Gen« (Hamburg 2008), dass auch in der Biologie die Ausdifferenzierung der Spezies und die Entstehung der wunderbaren Vielfalt unserer Lebenswirklichkeit durchaus nicht nur durch Kampf gegeneinander entstand, sondern in fast noch größerem Maße auf Kooperation beruht. Inzwischen konnte man zeigen, dass Empathie, Mitgefühl, Kooperation und altruistisches Verhalten den Menschen und auch manchen höheren Säugern quasi angeboren ist. Um die neurowissenschaftliche, psychologische und philosophische Erforschung dieses Verhaltens hat sich vor allem die Neurowissenschaftlerin und Psychologin *Tania Singer* verdient gemacht. Sie fand heraus, dass, als Kriterium für eine empathische Reaktion, bereits im frühen Kindesalter und ansatzweise auch bei Säugetieren die für die eigene Schmerzverarbeitung zuständige *Gehirnregion bei der Beobachtung von fremdem Schmerz aktiviert* wird. Empathisches Verhalten lässt sich ferner, so wie Mitgefühl und Achtsamkeit, mit Langzeittrainingsprogrammen üben, deren zentraler Bestandteil bestimmte Formen von *Meditation und*

*Kontemplation* sind. Dabei sind auch die mit dem Meditieren einhergehenden verschiedenen Bewusstseinszustände und die entsprechenden Änderungen der Gehirnaktivität erforschbar. Langzeittrainingsstudien zeigen schließlich, dass ein mehrmonatiges, genau strukturiertes mentales Training von Empathie, Mitgefühl und Achtsamkeit besonders mittels verschiedener Formen von Meditation und Kontemplation Auswirkungen auf der neuronalen, hormonellen, emotionalen Verhaltensebene zeigen.

## Lernziel »Homo Empathicus«

Die allgemeinen Hoffnungen auf einen Neuanfang und ein Wiederaufbau Europas und der übrigen Welt im Geist demokratischer und humanistischer Verständigung nach den Katastrophen des frühen 20. Jahrhunderts hielten nicht lange an. Sie wurden aufs tiefste enttäuscht, als schon in den frühen fünfziger Jahren neue Kriege angezettelt wurden und ein fiebriges Wettrüsten zwischen den beiden Machtblöcken in Ost und West mit immer bedrohlicheren Nuklearwaffen einsetzte. Dies führte zu einer wachsenden Besorgnis vor allem in intellektuellen Kreisen, und es wurden immer mehr Rufe nach ethischer Selbstverpflichtung und Selbstbescheidung laut. So forderten zehn Jahre nach Kriegsende der britische Philosoph Bertrand Russell und der Physiker Albert Einstein zusammen mit anderen naturwissenschaftlichen Nobelpreisträgern wie Max Born, Linus Pauling und Hideki Yukowa in ihrem berühmten »Manifest« eine Dezimierung der Bestände der mittlerweile eingesetzten und mit verheerender Zerstörungskraft wirkenden Massenvernichtungswaffen sowie eine Rückbesinnung auf die eigene Menschlichkeit im Sinne gewaltfreier und kriegsvermeidender politischer Konfliktlösung (»Wir müssen lernen, auf neue Art zu denken«). Besonders nach dem erneut heraufbeschworenen Schreckgespenst von Krieg, Umweltzerstörung und menschlichem Leid durch den NATO-Doppelbeschluss von 1979 erhoben sich mehrere andere Proteste von wissenschaftlicher und künstlerischer Seite mit Forderungen nach einem Kampf gegen weltweiten Hunger und Armut sowie für Frieden und für die Erhaltung unserer Erde im Sinne einer neuen, verbindlichen und konsensfähigen Ethik. Im Einstein-Jahr 2005 erschien in Deutschland das »Potsdamer Manifest«, welches von der detailliert ausgearbeiteten und unter anderem von Hans-Peter Dürr herausgegebenen »Potsdamer Denkschrift« in Buchform begleitet wurde. Dort sahen die Verfasser und Unterzeichner unsere weltweit wahrnehmbaren »vielfältigen Krisen« als Ausdruck einer »geistigen Krise« unserer Zeit. Sie hingen, wie es heißt, zusammen mit »unserem weltweit (bisher) favorisierten materialistisch-mechanistischen Weltbild und seiner Vorgeschichte«.

Einsichten der modernen Physik, namentlich der »Quantenphysik«, könnten jedoch grundsätzlich aus dem materialistisch-mechanistischen Denken herausführen. Als Konsequenz des quantenphysikalischen Denkens wird eine »organismische Kulturenvielfalt« gefordert, die den *empathischen Menschen* hervorbringt und zu einer Grundhaltung im Zeichen einer ganzheitlichen Verbundenheit des Menschen mit allem Lebendigen anregen soll. Empathie ist damit nicht nur die Fähigkeit der Einfühlung in unsere Mitmenschen, sondern auch der Respekt gegenüber dem *Leben* als ganzem und damit ein partnerschaftliches Verhältnis zu allen Lebewesen und darüber hinaus zum unbelebten Kosmos.

Anstelle der bisher angenommenen Welt einer mechanistischen, dinglichen (objektivierbaren) zeitlich determinierten

»Realität« entpuppt sich die eigentliche Wirklichkeit als »Potentialität«, ein nicht auftrennbares, immaterielles, zugleich wesentlich indeterminiertes und genuin kreatives Beziehungsgefüge … Die im Grunde offene, kreative, immaterielle Allverbundenheit der Wirklichkeit erlaubt, die unbelebte und auch die belebte Welt als nur verschiedene … Artikulation eines »praelebendigen« Kosmos aufzufassen.[64]

Dieses Manifest fand Unterzeichner aus allen Regionen und Kulturen in Europa, Nord- und Südamerika, Äthiopien, Tansania, Malaysia, Japan, China, Bangladesh und Indien.

Was die praktische Umsetzung dieser im Lauf der Jahrzehnte erhobenen Forderungen betrifft, so gibt es weltweit zahlreiche, mehr oder weniger effektive Versuche, sich im »Kleinen«, Konkreten und Alltäglichen für verbesserte Bedingungen unseres bewussten und aufeinander ausgerichteten Zusammenlebens einzusetzen und die Einstellung zu fördern, im Gegenüber zuerst immer den Menschen zu sehen und erst dann die Nationalität (Martin Buber). Da der Einsatz solcher Maßnahmen nicht erst dann gefördert werden soll, wenn dies bei unerwartet ausbrechenden, großangelegten Konflikt- und Krisensituationen zu spät ist, ist es umso wichtiger, bereits prophylaktisch im Vorfeld Rahmenbedingungen für eine Aneignung menschlicher Verständigungsbereitschaft und einer empathischen Grundhaltung zu schaffen, die bereits im Alltag und erst recht im Krisenfall gerade im lokalen Bereich zum Tragen kommen können.

Wir greifen als Nächstes aus der Fülle von Beispielen aus sehr unterschiedlichen Lebensbereichen drei uns als repräsentativ erscheinende Einrichtungen heraus, die, obwohl sie keine großräumigen gesellschaftlichen Veränderungen erwarten lassen, doch im Mikrokosmos zwischenmenschlicher Beziehungen auf lokaler Ebene soweit wirksam werden können, dass sie für die dort aktiv Mitwirkenden als geradezu ethisch verpflichtend angesehen werden können.

Gerade im Bereich der Naturwissenschaft kann ein in unserer in sich zerrissenen und angespannten Zeit prospektives Beispiel internationaler Größenordnung genannt werden. Es ist das 1954 gegründete, inzwischen 20 Mitgliedsstaaten und 3000 Mitarbeiter umfassende weltgrößte Europäische Forschungszentrum für Teilchenphysik *CERN (Conseil Européen pour la Recherche Nucléaire)* in Meyrin bei Genf. Der wissenschaftliche Zweck dieser Großforschungseinrichtung ist natürlich die physikalische Grundlagenforschung. Aber für die Gründer dieser sehr großen Forschungsanlage war es von Anfang an klar, dass diese Anlage nur unter größten Anstrengungen möglichst vieler Nationen aufgebaut und betrieben werden kann. Das wurde nicht als ein notwendiges Übel betrachtet. Sondern es war, im Gegenteil, ein genauso wichtiger Grund für den Aufbau dieser Forschungsanstalt wie die Forschungsinteressen. Aus der ganzen Welt sollten Wissenschaftler in hohen Positionen und mit entsprechend konstruktiven wissenschaftlichen und politischen Einflussmöglichkeiten in ihrem jeweils eigenen Land zusammenkommen und erfahren, dass man mit interessierten und kompetenten Kollegen aus allen Ländern intensiv und konstruktiv zusammenarbeiten und dadurch sinnvolle Ergebnisse erzielen kann. Dadurch sollten auch mögliche Vorurteile und Ressentiments zwischen den Wissenschaftlern der verschiedenen Nationen abgebaut werden. Deshalb bemühen sich die Organisatoren von CERN auch bis heute intensiv darum, *Wissenschaftler aus allen Ländern* für eine Mitarbeit zu gewinnen, und versuchen bei Ländern, die dazu weniger bereit sind, dies mit großzügigen Stipendien und mit Verhandlungen mit den entsprechenden Regierungen zu fördern.

Anders gelagert, aber mit letztlich ähnlichen Zielsetzungen versehen ist das 1999 vom argentinisch-israelischen Dirigenten und Pianisten Daniel Barenboim und dem in Palästina geborenen und 2003 verstorbenen amerikanischen Literaturwissenschaftler Edward Said in Weimar gegründete *West Eastern Divan Orchestra*, welches etwa zur Hälfte aus Jungmusikern aus arabischen Ländern und zur anderen Hälfte aus israelischen Jungmusikern besteht. Der Name des Orchesters leitet sich ab von Goethes Gedichtsammlung »West-östlicher Divan«, zu der Goethe sich von dem persischen Dichter Hafes und dessen »Diwan« (Gedichtsammlung) inspirieren ließ. Das Orchester unternimmt nach einer ausführlichen Phase von Musikproben und Workshops internationale Konzerttourneen durch die meisten europäischen Länder, Nord- und Südamerika und Nahost. Im Rahmen einer Konzertreihe in Südkorea fand im August 2011 an der Grenze zum kommunistischen Nordkorea ein Friedenskonzert mit Beethovens 9. Symphonie statt. Ziel dieses Orchesters ist die Förderung des zwischenmenschlichen Dialogs zwischen zwei auf religiösem Hintergrund politisch tief zerstrittenen Völkern im Dienste von Solidarität, Verständigung und Humanität. Menschen, denen jede Verständigungsgrundlage abhandengekommen zu sein scheint, werden durch das Medium der Musik und durch intensive Zusammenarbeit in Konzerten und damit durch zeitweiliges Zusammenleben und Zusammenreisen einander nähergebracht, Barrikaden des Hasses werden eingerissen und neue Brücken gebaut. Trotz immer wieder auftretender Zerreißproben innerhalb dieses einmalig heterogenen Ensembles und trotz der derzeit ausweglosen politischen Situation in Nahost scheint sich innerhalb des Ensembles und auch nach außen hin wieder einmal die Idee zu bewähren, dass Konflikte und Interessengegensätze nicht mit Krieg, sondern nur mit dem Bemühen, die Welt des Anderen kennenzulernen und zu verstehen, zu lösen sind.

Ein wesentlicher Impuls für die Gründung dieses Orchesters war es, das zu tun, wozu sich vor allem die drei in Nahost beheimateten »prophetischen« oder abrahamischen und monotheistischen Religionen Judentum, Christentum und Islam ursprünglich verpflichtet hatten; nämlich dem Aufbau eines respektvollen und friedlichen Zusammenlebens der Menschen zu dienen. Nachdem diese Religionsgemeinschaften im Gegenteil darin versagt hatten, statt sich gegenseitig zu achten und im Geiste der Brüderlichkeit und Nächstenliebe zusammenzuleben, trat an deren Stelle eine kleine Gruppe beherzter Musiker mit einem letzten Aufgebot an künstlerisch-kulturellem Einsatz für offene und geduldige Dialogbereitschaft und Verständigungswillen, ohne die es keinen Frieden geben kann.

Auch wenn im nichtreligiösen Bereich von Wissenschaft und Kunst/Kultur bezüglich Empathie, Achtsamkeit und Dialogbereitschaft offenbar Erfreulicheres und Prospektiveres zustande zu kommen scheint als seitens der von Erstarrung und Verarmung gekennzeichneten großen religiösen Institutionen, deren »Lehren« und Gesetzesvorschriften und vor allem auch deren menschliche Vertreter zunehmend an Überzeugungskraft verlieren, so gibt es doch auch weltweit alte wie neue, verborgene Keimzellen einer viele Menschen wieder beispielhaft anziehenden, meditativ verinnerlichten und gleichzeitig auch begegnungs- und dialogzentrierten, pluralistischen Spiritualität und Religiosität.

So kann man europaweit geradezu eine Fülle von Institutionen aufzählen, von denen auch viele junge Menschen auf ihrer Suche nach dem Sinn des Lebens angezogen werden, die sich dort Meditations- und Kontemplationsübungen unterziehen und damit zu sich selbst zu finden versuchen.

Überall in Deutschland sowie in anderen Ländern findet im Stillen die Gründung besonders gern frequentierter buddhistischer Meditationszentren statt. Im christlichen Bereich ist bei solchen Bemühungen besonders der Benediktinerorden führend, der ebenfalls eine fast nicht mehr überschaubare Anzahl von Zentren unterhält, in denen auf der Grundlage des christlichen Glaubensbekenntnisses der Einsatz zen-buddhistischer Elemente in der Meditation zum Tragen kommen. Eines der berühmtesten Beispiele ist das Meditationszentrum St. Benedikt bei Würzburg, 1983 gegründet von Willigis Jäger, der sich vor der Einrichtung seines Zentrums mehrere Jahre in Japan einem Zen-Training unterzog.

Eine schon ältere deutsche Einrichtung ist das ökumenische Meditationszentrum Neumühle in Deutschland, in dem Kontemplation, Meditation, Qi Gong und Yoga feste Ausbildungselemente sind. Auch hier dominiert das Seminar- und Ausbildungswesen für Sinnsuchende und für die, die ihr spirituelles Leben auf ökumenisch-interreligiöser Ebene in Theorie und Praxis vertiefen möchten.

Etwas neuartig Eigenes mit dem Fokus auf den Kern *spiritueller Selbstfindung und dialogisch begründeter Empathie zugleich* findet sich im nicht nur interreligiösen, sondern auch *religionsübergreifenden* Konzept des seit 1999 bestehenden *Weltklosters e. V.* in Radolfzell am Bodensee. Dieses hat seine wichtigsten Anregungen von der Tradition neohinduistischer und christlicher *Ashrams* bezogen. Ashrams sind Orte der Innerlichkeit, der Besinnung und des »Übens« unter Anleitung eines oder mehrerer spiritueller Meister. Dieses Üben erfolgt immer in Form des *Dialogs*, auch eines inneren Dialogs in der verbindenden Stille der Kontemplation und eines mystischen Bewusstseins der Gemeinsamkeit bei der Suche nach einer Wiederbelebung religiöser Erfahrungen als Weg zu einem inneren Frieden. Besonders ausgeprägt ist der Dialogcharakter in den hinduistischen und christlichen Ashrams in Indien. Diese sind zwar immer bekenntnisgebunden, stehen jedoch mit allen anderen Religionen im interreligiösen Dialog in der Tradition einer integrativen Spiritualität, und sie lernen in Exerzitien u. a. mit indischen Schriften schrittweise, dass die Gemeinsamkeit zwischen allen Religionen »das Grundgespür für Transzendenz« ist (wie etwa in dem von dem wiederholt erwähnten Jesuitenpater Sebastian Painadath gegründeten Ashram Sameeksha im südwestindischen Bundesstaat Kerala).

Das besagte Weltkloster e.V. in Radolfzell geht insofern einen wesentlichen Schritt über die indischen Ashrams hinaus, als es selber nicht bekenntnisgebunden ist, sondern sich von Anfang an als eine *in sich pluralistische, aktive Begegnungs- und Dialogstätte* sieht. In dieser führen, sozusagen als *geistlich geistige Brückenbauer,* vor allem Ordensleute (Mönche, Nonnen) aller Weltreligionen und Kulturen im geschützten Raum einer gastfreundschaftlich offenen Umgebung spirituellen Austausch auf Augenhöhe. Im Zentrum der Aktivitäten des Weltklosters stehen mehrtägige, in einem klösterlichen Tagesablauf strukturierte, *kontemplative, monastische Fachdialoge* (stille Meditation und Kontemplation, Schriftlesungen, Gespräche sowie gemeinsame Mahlzeiten) mit mehreren authentisch ihre Tradition praktizierenden Ordensleuten unterschiedlichster Religionen. Die Ergebnisse ihres spirituellen Austauschs werden ganz am Ende der Dialogtage der Öffentlichkeit vorgestellt. Ebenfalls professionelle Vertreter verschiedenartiger spiritueller Ausrichtung bieten ferner für die Öffentlichkeit regelmäßig Fachvorträge, Seminare, Dialoggespräche und meditative Übungen an.

Der über das interreligiöse Konzept hinausgehende *religionsübergreifende* Aspekt des Weltklosters e.V. besteht darin, dass sozusagen wie in konzentrischen Kreisen um den *mo-*

*nastischen Kern* herum, auch Dialoggespräche mit Nicht-Ordensleuten im Bereich einer auf Spiritualität orientierten Musik, Literatur, Philosophie und Naturwissenschaft stattfinden. Diese Art von Aktivitäten soll verdeutlichen, dass spirituelle Sinnfindung, Werteorientierung und durch diese vertiefte Empathie nicht *nur* direkt aus dem religiösen Bereich beziehbar sind, sondern für viele (gerade durch die vielfache heutige Religionspraxis enttäuschte und orientierungslos gewordene) Menschen auch aus dem Bereich nicht-religiöser Kunst und Kultur sowie aus den Naturwissenschaften, sofern diese (wie etwa in dem vorhin angeführten Beispiel des internationalen Kernforschungszentrum CERN oder des West Eastern Divan Orchestra) in irgendeiner Weise auf eine dialogisch orientierte Sinnfindung und Sinnsuche hin angelegt sind. Ziel des bisher geographisch an einen festen, landschaftlich attraktiven Ort gebundenen Weltklosters e. V. ist ferner langfristig die Bildung eines Netzwerks über externe Dialogveranstaltungen des Weltklosters mit anderen Klöstern oder Zentren unterschiedlicher Religionen.

Die Menschheit sieht sich heute, weitere zehn Jahre nach der Abfassung der Potsdamer Denkschrift, zunehmend Problemen gegenüber, die nicht mehr nur lokal innerhalb bestimmter Kultur-, Religions- und Ländergrenzen zu lösen sind. In einer Zeit, in der die Globalisierung sich schon lange nicht mehr auf den »zivilen« Austausch zwischen den Völkern über Kommunikation und freiwillige Migration beschränkt, sondern wo weltweit immer stumpfsinnigere barbarische Kriege, Verfolgung und Völkermord Millionen von Menschen zu orientierungs- und heimatlosen Flüchtlingen machen, ist von uns, den vergleichsweise privilegierten Mitmenschen, immer dringender Solidarität, Achtsamkeit und Mut zum Handeln gefordert. Dabei kann die Erkenntnis helfen, dass die Zukunft nicht unabänderlich vorherbestimmt ist. Sie ist zwar nicht völlig offen, aber jeder Mensch hat die Möglichkeit, in kleinstem Bereich durch ein Handeln in Solidarität, Achtsamkeit und Empathie für die anderen und für das Ganze die Zukunft einen winzigen Schritt ins Positive zu beeinflussen. Eine von menschlicher Empathie getragene Haltung und davon geprägte Handlungsweisen in sämtlichen Bereichen und Disziplinen unseres individuellen und gesellschaftlichen Alltags führen zu Maßnahmen gegen diese um sich greifenden Auswüchse von Unmenschlichkeit und Leid und können dazu beitragen, dem weiteren Ausufern dieser Katastrophe sowie dem Auftreten neuer Katastrophen entgegenzuwirken. Die ganzheitliche und kreative Verbundenheit des Menschen mit seinen Mitmenschen aller Art und mit allem Lebendigen überhaupt entspricht der von der Potsdamer Denkschrift angemahnten »organismischen Kulturenvielfalt«. Sie kann als besondere Chance für eine neue, kreativ inspirierte Gestaltung der Zukunft begriffen werden und ist Ausdruck des quantenphysikalischen Grundsatzes der Potentialität und des ganzheitlichen Beziehungsgefüges unserer Welt.

# Danksagung

Wir danken Thomas und Brigitte Görnitz sehr für ihre intensive Hilfe bei allen physikalischen Fragen, insbesondere zu ihrem neuartigen erweiterten quantentheoretischen Konzept. Unser Dank gilt auch den übrigen Mitgliedern unseres langjährigen interdisziplinären Gesprächskreises in München: Till Keil, Luise Pechmann und Martina Veh. Sie haben mit ihren vielfältigen und inspirierenden Diskussionsbeiträgen zu den philosophischen und praktischen Konsequenzen aus dem besagten Konzept wesentlich zu unserem Buch beigetragen. Schließlich danken wir auch Martin Heisenberg für seine wichtigen Informationen zur biologischen Grundlegung der Willensfreiheit.

München im November 2016
Frido und Christine Mann

# Anmerkungen

1   Alle Aussagen zit. bei I. und G. Bogdanov: Reise zur Stunde Null. Die Ursprünge des Universums, Stuttgart 2008, S. 89.

2   Jörg Zink: Ufergedanken, Gütersloh 2010, S. 18 f.

3   Vgl. Ian Sample: »Stonehenge was based on a ›magical‹ auditory illusion, says scientist«. In: The Guardian, 16. 2. 2012.

4   Siehe John North: Viewegs Geschichte der Astronomie und Kosmologie, Vieweg 1994, S. 5.

5   Vgl. Abel Burja: Lehrbuch der Astronomie, Berlin 1787, S. IX.

6   Siehe Eugene Hecht: Optik, Oldenbourg, München, Wien ⁴2005, S. 1.

7   Siehe Károly Simonyi: Kulturgeschichte der Physik, Thun, Frankfurt am Main 1990, S. 61–66.

8   Vgl. Alfred Gierer: Die gedachte Natur. Ursprünge der modernen Wissenschaft, Reinbek 1998, S. 67–74.

9   Hermann Diels: Fragmente der Vorsokratiker, hg. v. W. Kranz, Zürich, Hildesheim 1985: Anaxagoras, Fragment Nr. 12.

10  Vgl. A. Gierer, a. a. O., S. 94.

11  Ebd., S. 180 f.

12  Zit. nach Gierer, a. a. O., S. 135.

13  Zit. nach Gierer, a. a. O., S. 140.

14  Zit. n. Hans-Christian Freiesleben: Galileo Galilei. Ein Prozeß ohne Ende. Eine Biographie, München 1983, S. 7.

15  Brief Keplers an Herwart von Hohenburg, in: Johannes Kepler, Briefe 1590–1599, hg. v. Max Caspar, München 1945, Band 13, NR. 91, S. 191.

16  Kepler, Neue Astronomie, München, Berlin 1929, S. 32 f.

17  Zit. n. Max Jammer: Das Problem des Raumes. Die Entwicklung der Raumtheorien. Original Concepts of Space, übers. von Paul Wilpert, Darmstadt 1960, S. 122.

18 Hervé Faye: Sur l'origine du monde: théories cosmogoniques des anciens et des modernes. Paris 1884, S. 110.

19 Francis Darwin (Hg.): The Life and Letters of Charles Darwin, Bd. 1. London 1887, S. 304.

20 Vgl. Eva-Marie Engels (Hg.): Charles Darwin und seine Wirkung, Frankfurt am Main 2009.

21 Charles Darwin: Mein Leben, Frankfurt am Main 2008, S. 102 f.

22 Brief an einen Studenten, 14. Juli 1941, zitiert nach M. Maurer, P. Seibert: »Weil nicht sein darf was nicht sein kann«, in: WECH-SELWIRKUNG 54/55, 1992, S. 84, zitiert nach tu-harburg.de, t). Abschnitt: Einsteins Erfahrungen in der Weimarer Republik, seine Haltung zum Faschismus.

23 Siehe Ingo Teßmann und Wolfgang Frede, ebd., Abschnitt: Der Atomtod und die Verantwortung des Naturwissenschaftlers.

24 Albert Einstein: Mein Weltbild, hg. v. Carl Seelig, Frankfurt am Main 1991, S. 20.

25 Albert Einstein: Aus meinen späten Jahren, Zürich 1952, S. 15.

26 Albert Einstein: Brief vom 24. März 1954, in: Helen Dukas / Banesh Hoffman: Albert Einstein: The Human Side, Princeton 1981, S. 43.

27 Albert Einstein: Gelegentliches, Berlin 1929, S. 9.

28 Vgl. Görnitz & Görnitz: Der kreative Kosmos. Geist und Materie aus Quanteninformation, Heidelberg 2002, S. 11 ff.

29 A. Wagner: Physikalische Blätter, Heft 2, 2000, S. 3.

30 Görnitz & Görnitz, Der kreative Kosmos, S. 73.

31 C. F. von Weizsäcker: Die Einheit der Natur, München 1972, S. 361.

32 Görnitz & Görnitz: Der kreative Kosmos, S. 114–120; Die Evolution des Geistigen. Quantenphysik – Bewusstsein – Religion, Göttingen 2009, S. 134–146.

33 Vorschlag von Roland Schüßler, zit. bei Görnitz & Görnitz: Die Evolution des Geistigen, S. 146.

34 Görnitz & Görnitz: Die Evolution des Geistigen, S. 155–230.

35 Görnitz & Görnitz: Der kreative Kosmos, S. 114 ff.

36 Vgl. Görnitz & Görnitz: Die Evolution des Geistigen, S. 161–164.

37 Ebd., S. 173.

38 Ebd.

39 Ebd., S. 174 f.

40 Vgl. Görnitz & Görnitz: Von der Quantenphysik zum Bewusstsein, Heidelberg 2016, Kap. 5.5.2.

41 Das Zeitalter der Erkenntnis. Die Erforschung des Unbewussten in Kunst, Geist und Gehirn von der Wiener Moderne bis heute, München 2012, S. 538.

42 Görnitz & Görnitz, ebd.

43 Ebd.

44 Quelle: https://de.wikipedia.org/wiki/Elektromagnetisches_Spektrum.

45 Görnitz & Görnitz: Von der Quantenphysik zum Bewusstsein, Kap. 5.5.2.

46 Görnitz & Görnitz: Der kreative Kosmos.

47 Görnitz & Görnitz: Von der Quantenphysik zum Bewusstsein, Kap. 5.

48 Siehe Alexej N. Leontjew: Probleme der Entwicklung des Psychischen, Berlin 1975, S. 45–54.

49 Thomas Görnitz: Quanten sind anders, Heidelberg 1999, S. 208 ff.

50 Görnitz & Görnitz: Die Evolution des Geistigen, S. 88.

51 Ebd.

52 Ignatius von Loyola: Der Bericht des Pilgers, Würzburg 2008.

53 M. Czíkszentmihályi: Flow, Stuttgart 1992.

54 Werner Heisenberg: Ordnung der Wirklichkeit, München 1989, S. 86 f.

55 Siehe Görnitz & Görnitz: Die Evolution des Geistigen, S. 347.

56 Ebd., S. 318.

57 Vgl. Eckhart Tolle: Jetzt! Die Kraft der Gegenwart, Bielefeld 2000, S. 60 ff.

58 S. Pick & R. Strauss: Goal Driven behavioral adaptions in gap-climbing Drosophila. Curr. Biol. 15 (2005), 1473–1478. Siehe den dazu genannten und bestellbaren Film.

59 M. Heisenberg: The Origin of Freedom in Animal Behaviour, in: A. Suarez and P. Adams (Hg.): Is Science compatible with Free Will?, New York, Heidelberg, Dordrecht, London 2013, S. 95–103.

60 A. v. Müller: The Logic of Constellations, in: Culture and Neural Frames of Cognition and Communication, Heidelberg 2011, S. 199, 213.

61 Hirsch, M.; Hirsch, B.; Modell, R., von Müller, A.: Visuell arbeiten, strukturiert denken. Warum Bildsprache so wirkmächtig ist und wie sie als fachübergreifende Denkkompetenz an Schulen gelehrt werden könnte. In: BDK Mitteilungen 2/15, 2015, S. 11–14. BDK Fachverband für Kunstpädagogik e.V.

62 Psychologie der Kreativität, München, Basel 1969.

63 Kreativität, Stuttgart 1997.

64 Hans-Peter Dürr (Hg.): Potsdamer Denkschrift, 2005, S. 14 f.

Frido Mann
**Das Weiße Haus des Exils**

Nach siebzig Jahren kehrt Frido Mann in das großelterliche
Haus in Pacific Palisades zurück. Hier verbrachte er Teile
seiner Kindheit, hier erlebte er Thomas Mann als engagierten
Kämpfer für Demokratie und Humanismus. Wenige Wochen, bevor nun der Bundespräsident Frank-Walter Stein-
meier das Haus als Zentrum des transatlantischen Dialogs
eröffnet, wandelt Frido Mann auf den Spuren seiner Erinnerung und denkt nach über die Zukunft des ›Thomas Mann
House‹. Frido Manns Essay ist ein radikales Plädoyer für
Verantwortung und Verständigung in einer Zeit der globalen
Krise.

208 Seiten, gebunden

Weitere Informationen finden Sie auf
*www.fischerverlage.de*

AZ 10-397404/1